气象与生活手册

QIXIANG YU SHENGHUO SHOUCE

罗桂湘　谢海云◎主编

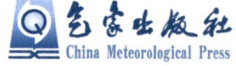
气象出版社
China Meteorological Press

内 容 简 介

气象与人们的生活息息相关。本书聚焦于气象与人们日常生活的联系,用丰富有趣的示例,介绍了气象与生活方方面面的知识。其内容包括:气象与健康、气象与运动、气象与家居、气象与饮食、气象与交通、气象与旅游等。书的最后部分还介绍了群众感兴趣的一些气象小常识。本书涵盖知识广泛,内容通俗易懂,图文并茂,可供广大群众和中小学生阅读,也可供从事气象科普宣传工作的同仁参考。

图书在版编目(CIP)数据

气象与生活手册 / 罗桂湘,谢海云主编. —北京:气象出版社,2017.10(2018.7重印)
 ISBN 978-7-5029-6628-7
 Ⅰ.①气… Ⅱ.①罗… ②谢… Ⅲ.①气象学-通俗读物 Ⅳ.①P4-49

中国版本图书馆CIP数据核字(2017)第226111号

气象与生活手册
Qixiang yu Shenghuo Shouce

出版发行:气象出版社	
地　　址:北京市海淀区中关村南大街46号	邮政编码:100081
电　　话:010-68407112(总编室)	010-68408042(发行部)
网　　址:http://www.qxcbs.com	E-mail:qxcbs@cma.gov.cn
责任编辑:李太宇　崔晓军　黄海燕	终　审:吴晓鹏
责任校对:王丽梅	责任技编:赵相宁
封面设计:吴铠华	
印　　刷:北京建宏印刷有限公司	
开　　本:889mm×1194mm　1/32	印　张:7
字　　数:129千字	
版　　次:2017年10月第1版	印　次:2018年7月第2次印刷
定　　价:25.00元	

本书如存在文字不清、漏印以及缺页、倒页、脱页等,请与本社发行部联系调换

编委会

主编：罗桂湘　谢海云

编委：雷菲菲　王　帅　丘　良　黄石健
　　　黎琮炜　齐　朋　金　辉　孙志云
　　　莫　凡　黄玉梅　容　军　蓝设华
　　　黄　冬　岑　超　李　妮　黎伟川
　　　黄　佳　卢茜茜

美编：吴铠华　叶妍捷　吴天明

顾问：李耀先　廖雪萍　陈　见　黄梅丽

摄影：韦　坚

序　言

在全球气候变暖的背景下，各地极端气象灾害频发，全面提升社会公众气象防灾减灾知识的工作刻不容缓。近年来，广西壮族自治区气象局气象服务中心广泛宣传推广气象科普知识，"气象科普知识进社区""气象公众开放日"以及"气象夏令营"等活动开展得有声有色，丰富了广大群众的气象科普知识。

2017年是国家国民经济和社会发展"十三五"规划的重要一年。面对新形势和新任务，广西壮族自治区气象局气象服务中心以提高群众气象素养为己任，集众多科技工作者之力，广泛收集气象资料，经过悉心筛选及编写，最终整理汇编成《气象与生活手册》一书。

本书共分为七个部分：一是气象与健康，主要介绍了各个季节的常见病以及防范措施；二是气象与运动，主要介绍了适合各个季节的运动健身项目以及注意事项；三是气象与饮食，介绍了一些四季饮食方面的常识；四是气象与家居，主要收录了天气影响家居生活方面的内容；五是气象与旅游，主要从气候、地理、人文等方面介绍了广西及东南亚的旅游胜地，拓展读者对上述地区的认识；六是气象与交通，收录了各种天气条件对交通的影响情况,向读者介绍在特定环境中如何安全出行;七是气象小常识,主要介绍了一些常见的天气预报词汇以及广西的气候概况。

本书科普知识广泛,内容通俗易懂,便于群众在闲暇之余翻阅,学会在日常生活中如何采取正确的方法应对可能遇到的问题,也可供从事气象科普宣传工作的同仁参考。

本书编写过程中,得到姚才、孔毅民、古文保、覃峥嵘、黄海洪、林开平、何飞、符合、黄吉安、廖桂奇、张永强、何洁琳等同志的帮助,本书出版得到广西科技与条件建设项目"壮族地区气候变化科普工作新模式研究"(合同编号:桂科能14123004-1-2)的资助。谨此致谢!

作者
2017年6月

目 录

序言

气象与健康

"春捂"保健康 / 3
风湿病为何能预报天气 / 4
天气变化与糖尿病 / 5
春夏之交警惕手足口病 / 6
5月孩子"长个儿"快 / 7
高温天怎么穿 / 8
儿童防晒误区 / 9
夏季防蚊贴士 / 11
"秋阳猛于虎" / 12
初秋警惕过敏 / 14
谨防 $PM_{2.5}$ / 15

冷辐射——"偷走热量的小偷" / 16
不做"霹雳贝贝" / 17
冬晒太阳好处多 / 19
冬季太阳怎么晒 / 20
冬季善待你的牙 / 21
寒冬熬夜更伤身 / 22
冷天慎防老寒腿 / 23
防冻疮护双手 / 25
高血压与天气 / 26
冠心病与天气 / 27

气象与运动

小雨中漫步能健身 / 31
春放风筝最相宜 / 32
跳广场舞避开"高压锅天气" / 34
夏季运动贴士 / 34
秋季运动贴士 / 36

夏日游泳安全第一 / 36
秋冬游泳注意事项 / 38
跑步健身要看天 / 39
九九重阳宜登高 / 41
"冬练三九"益健康 / 42
有氧运动助减肥 / 43

减肥有氧运动——羽毛球 / 44
减肥有氧运动——瑜伽 / 45
减肥有氧运动——骑单车 / 47
减肥有氧运动——游泳 / 48
减肥有氧运动——快走 / 50
减肥有氧运动——爬山 / 51

气象与饮食

"清明蔗，毒过蛇"吗 / 55
春季饮食养肝 / 55
冲饮春茶几多讲究 / 56
高温天饮食 / 58
八桂六月芒果香 / 59
夏季荔枝 食之有道 / 60
大暑节气多吃瓜 / 61
路边扁桃别乱采 / 62
夏日健康吃冰 / 63
油茶 / 63
秋季品蟹正当时——大闸蟹 / 64
秋季品蟹正当时——海蟹 / 65
生梨熟吃好处多 / 67
霜降时节吃柿子 / 68
寒冬腊月饮食养生 / 70
正确喝豆浆 / 71
热饮包装及其储存中的健康
　隐患 / 72

气象与家居

选房的气象学问 / 77
9～11楼层空气最差吗 / 77
"回南天"室内防潮 / 79
潮湿天巧拖地 / 79
春季家具防潮 / 80
春季家电防潮 / 81
气温多高人体感觉最舒适 / 83
容易遭受雷击的三种家电 / 84
暑期儿童居家安全 / 84
高温天居家防暑妙招 / 85
收纳凉席有讲究 / 86
秋高气爽 晒被除螨 / 87
快速干衣法 / 88
巧用加湿器 / 90
取暖设备的安全隐患 / 91
安全使用电热毯 / 93
寒冬腊月如何防火 / 94
取暖的误区 / 96
冷天谨防一氧化碳中毒 / 97

气象与旅游

南国绿都——南宁 / 101
山水画境——桂林 / 102
北部湾畔的明珠——北海 / 104
水上门户——梧州 / 107
山雄奇，水灵秀——百色 / 108
绿色宝库——崇左 / 110
长寿之乡——巴马 / 112
广西的地下河 / 113
侗族风雨桥 / 114
广西的浪漫"枫"情 / 116
中国银杏第一乡——灵川 / 117
秋季到北部湾看候鸟 / 118
东盟系列之马来西亚 / 120
东盟系列之泰国 / 121
东盟系列之菲律宾 / 122
东盟系列之越南 / 124
东盟系列之新加坡 / 125
东盟系列之文莱 / 127
东盟系列之柬埔寨 / 128
东盟系列之老挝 / 130
东盟系列之印尼 / 131
东盟系列之缅甸 / 132

气象与交通

春运健康攻略 / 137
气温与路面温度 / 138
夏天开车谨防"路怒症" / 138
高温天车内的"隐形杀手" / 140
汽车降温妙招 / 141
雨季用车注意事项 / 141
开车遇洪水逃生攻略 / 142
警惕"吃人"井盖 / 143
防范车辆自燃 / 144
高温天防爆胎 / 146
高温天防水箱高温 / 146
高温天防电动车自燃 / 147
春雨绵绵"电驴"怎么跑 / 148
冬季骑电单车的禁忌 / 149
影响飞机飞行的恶劣天气 / 151
飞机延误的疑问 / 152
乘飞机防耳疼 / 153
影响动车出行的气象因素 / 154
结冰路面防滑——行人篇 / 156
结冰路面防滑——车辆篇 / 158
高速公路上的流动杀手
　　——团雾 / 159
冬季出行的三大"天敌" / 160
冬季爱车七分养 / 162
冬季开车两大"杀手" / 164

气象小常识

雨量 1 毫米是多少 / 169
何为汛期 / 169
天气预报为何报"局部" / 170
什么是"强对流天气" / 170
森林火险气象等级预报 / 171
空中"魔法"——人工
　增雨 / 172
"圣婴"——厄尔尼诺 / 173
减缓气候变暖 从小事做起 / 174
植树节为何是 3 月 12 日 / 175
为何体感温度比预报的热 / 176
天气预报为什么有时
　不准 / 177
广西各月气候概况 / 178
广西主要气象灾害 / 180
　干旱 / 181
　暴雨、洪涝 / 182
　台风 / 184
　冰雹 / 186
　大风 / 188

雷暴 / 189
地质灾害 / 191
高温 / 192
霜（冰）冻 / 194
寒潮 / 195
雾 / 197
霾 / 198
龙卷风 / 199
广西主要农业气象灾害 / 201
低温阴雨（倒春寒）/ 201
寒露风 / 203
水稻高温热害 / 204
"龙舟水" / 204
香蕉风害 / 205
龙眼"冲梢" / 205
柑橘日烧病 / 206
农业干旱 / 207
农业涝害 / 208
农业渍害 / 208
农业寒害 / 209

气象与健康

"春捂"保健康

春季的气温乍暖还寒,气温像坐上过山车,"忽上忽下地折腾"。虽说春季自然界气温处于上升阶段,但并没有像夏天那样达到顶峰,这也就意味着没有足够的热量让室内温度升高,室内温度往往比室外低。人们从户外的温暖阳光下走进阴凉湿冷的室内,很容易着凉,因此,要穿够衣服,也就是要适当"春捂",才能避免受凉生病。过早地脱去保暖衣物,会使体内阳气宣发外泄,没有足够的精气神提供给身体适应季节的转变,很容易着凉感冒。另外,春季各种病毒细菌活跃,也大大增加了人的患病风险。对于体弱的朋友和老人、儿童,"春捂"有益于健康。

怎么个"捂"法?医疗气象学家发现,许多疾病早在冷空气到来之前便捷足先登了。"捂"的最佳时机,应该在气象台预报的冷空气到来之前的24～48小时,再晚便是"雨后送伞"了。一般说来,日夜温差大于8℃时是该"捂"的信号。研究表明,对多数体弱多病而需要"春捂"者来说,当气温持续在15℃以上且相对稳定时,就可以不"捂"了。

人体下半部肢体血液循环比上半身差,更容易受风寒侵袭,"春捂"的原则是"下厚上薄"。腿脚受凉会让寒气入侵膝关节,埋下疾病的隐患,对上了年纪的人来说更容易出现膝关节疼痛。早春不要贪图美丽而穿短裙、短裤。平常可以带一件方便穿、脱的外套,早晨出门穿上以便防风防寒,白天气温升上来再脱掉。

风湿病为何能预报天气

风湿病患者中约有90%的人因关节肌肉出现疼痛,或疼痛加重而知道将有刮风、下雨、寒潮等天气变化。气温下降、气压降低、湿度增高,这三种因素是造成风湿病患者局部疼痛加重的主要原因,其中湿度的改变起着主要作用。当人体受到寒冷时,皮肤、肌肉和小血管发生收缩,血管中的血液流动变慢,皮肤上就会出现"鸡皮疙瘩",医学上称为"立毛肌收缩",这会使人体对疼痛的耐受力降低,局部症状也随之加重。此外,湿度的改变可使血管扩张,关节囊充血,这种变化在天气转变时也是症状加重的原因。

另外,潮湿能使热的传导增快20倍,当人身上的衣服被雨淋湿后,身体热量向外发散就会快很多。由于寒冷对身体的入侵加快，因此人容易受凉得病，风湿病患者关节疼痛就会发作。

天气变化仅是促使发病的一个条件，只要人体机能正常以及采取适当的预防措施，原来关节疼痛者疼痛也不一定会加重。风湿病患者应多留意天气预报，听到有突然降温或阴雨的消息，要及时做好保暖和预防措施。

天气变化与糖尿病

糖尿病的发生与季节的关系非常密切。在一般情况下，冬季的血糖要比春秋两季高，而夏季是一年中血糖最低的季节。因此，糖尿病最容易在冬季复发或加重，需要特别注意保健。

一般来说，人体对气温下降有一个适应过程。气温逐渐下降，人体的反应并不强烈，而且能逐渐适应这种寒冷的环境。如果骤然变冷，日平均气温比前一天下降7℃或以上，最高气温又在5℃以下，人们往往不能适应这种天气变化。如每年寒流袭来时，糖尿病患者尤其是老年糖尿病患者便会发生不良生理反应。因此糖尿病患者应注意御寒，随时注意天气变化，及时添加衣服，注意保暖，平时通过积极的锻炼，提高机体抗寒和抗病能力。

春夏之交警惕手足口病

春夏之交天气转暖,万物萌发,各种病源细菌也蠢蠢欲动,加上人们外出活动增多,而这个季节天气变化快,气温起伏大,人的抵抗力相对较弱,是手足口病的高发季节。近两年广西的手足口病发病数、发病率和重症数比往年明显增多,呈高发的态势。

儿童和成人都可能感染手足口病,不过成人感染后很少发病,发病的多是5岁以下的婴幼儿。手足口病主要通过人群间的密切接触进行传播,比如接触唾液、粪便,还有被污染的玩具、奶瓶、餐具、尿布等。在幼儿园或卫生条件差的农村地区,更容易集中暴发疫情。养成良好的卫生习惯是阻断传播的关键,为此专家提出了预防手足口病的"四个行动"。

一是"洗手行动"。正确洗手是最简便有效的健康干预。小朋友外出回来、饭前便后都要用肥皂和流动的清水仔细洗手。二是"清洗行动"。及时清洗、曝晒或消毒尿布,勤晒衣被;定期清洗、消毒儿童使用过的餐具和玩具。三是"开窗行动"。经常开窗通风,保持室内空气清新。四是"保护行动"。做好自我保护。在手足口病高发季节要尽量少带小朋友去人多拥挤的公共场所,到医院看病时戴上口罩。在家里要注意家居物品的清洁，特别是宝宝常用的玩具和床上用品，可以用超过60℃的热水、酒精、"84"消毒液和紫外线照射等方式定期消毒。如果家里有5岁以下的宝宝，回家后最好先洗手、换过外套以后再去拥抱孩子，因为家长也可能携带病毒。

特别提示：手足口病的黄金治疗时间是72小时，平常要多注意观察孩子的情况，如果出现发热，长红疹、嗜睡、烦躁、抽搐这样的症状，就要提高警惕，及时带孩子到医院进行诊治。

5月孩子"长个儿"快

人的生长发育也遵循着"冬储春发"这样的自然规律。孩子经历了一个冬天的"能量储备"以后，到了春夏就会迎来"长个儿"的拔高季节。根据世界卫生组织的一个报告，人体的成长在一年中不同的月份差异很大，长得最快的就是在5月。儿童的平均身高在5月份的时候可以增长7.3毫米，其次是6—10月，可以平均增长6.3毫米。

也正是这个原因，有了"5月黄金生长期"的说法。这究竟有什么科学奥妙在里面？研究表明，这其实跟太阳辐射是有一定关系的，太阳辐射中的红外辐射，可以刺激人体血液循环，并且加速骨髓造血能力，当然也就能促进我们的生长发育了。而处于春夏之交的5月前后，正是一年中红外辐射最强的时期。每年5月，进入立夏和小满节气，全国大部分平均气温升到20℃上下，正是"百般红紫斗芳菲"的时节，气温升高、天气明朗，人们到户外活动的时间普遍多了起来，有效地加速了身体的新陈代谢，"个子长得快"就是自然而然的了。

高温天怎么穿

有人说，穿得越少越凉快。但是在迪拜那个常常是40℃以上酷热难熬的地方，当地人却都穿着及地长袍、戴着长头巾。这固然有着民俗、宗教等因素，其实还饱含着科学防热的智慧。

人体散热的方式有两种：一种是通过皮肤向外辐射热量，另一种是汗液蒸发带走热量。在气温比体温低的时候，以皮肤散热为主，"穿得少，比较凉快"。而当气温和体温接近、甚至高于体温的时候，皮肤吸收的热量比散发出去的还多，穿得少未必会觉得凉快。这时，人体散热主要靠出汗。据测算，每蒸发1克汗液，能带走2.43千焦的热量，这就是为什么热天里大家常常汗如雨下。不过，如果这时空气湿度大，那么汗液蒸发会变慢，人就很容易中暑了。

因此，当气温达到37℃以上，穿衣就要向迪拜的人们学习了，要能防晒、隔热、透气、吸汗。在烈日下走路，戴上宽边遮阳帽是不错的选择。其中最能隔热的是竹子、稻草或者塑料做的帽子，热阻率可达 60% 以上。其次是白布料做的遮阳帽，热阻率为 45%。

浅色的衣物能反射不少阳光辐射，适合在高温天气穿。女孩子可以穿裙子，透气性好；男士们可以选宽松一点的休闲裤。衣物的面料选棉、麻、丝比较好。棉质衣服吸汗，透气性好，而且面料柔软。麻质的衣服质地轻、孔隙大，透气性和吸水性非常好。丝绸衣服重量轻、厚度薄，不容易跟汗湿的皮肤粘连，又便于散热，穿着会感觉通体凉快。

而化纤的衣服，面料虽说比较轻和薄，但是吸水性和透气性差，皮肤很难通过汗液蒸发进行散热，而且，过多的汗液滞留在皮肤上，容易诱发皮肤过敏和多种皮炎，建议不要穿。穿凉鞋和轻便鞋都不错，有气孔的空调鞋和透气袜适合男士上班族穿。

儿童防晒误区

误区一，涂了防晒霜可大胆出门。小孩子的肌肤娇嫩，即使有防晒霜的帮助，仍然很容易被日光伤害。在上午 10 时到下午 3 时紫外线最强烈的时段，尽量避免让孩子暴露在阳光下。如果必须出门，除了涂防晒霜之外，还要给孩子戴宽边遮阳帽，并且要穿质地轻薄、宽松透气的全棉长袖衣裤。

误区二，选用长效防晒品更放心。千万不要相信那些标明"保护作用有8小时"的防晒用品，除非你家宝贝涂了防晒霜后的8小时内不出一滴汗，不碰一滴水。正确的方法是：给孩子涂防晒霜后，如果弄湿或出汗，需要再涂一遍；从户外回到室内后，用温水洗净防晒霜，在孩子晒红的部位薄薄涂抹一些清爽的儿童护肤乳液。市场上流行的防晒霜，一般分为物理性防晒霜和化学性防晒霜两种。对儿童而言，物理性防晒霜更为安全。物理性防晒霜的质地比较厚重，这是比较容易辨别的特点。购买的时候，除了要看清产品 SPF 标值、生产日期和使用期限之外，还要注意防晒霜是否含色素、香精及矿物油等。

误区三，未满6个月婴儿使用防晒品。即使是宝宝专用的防晒乳液，在孩子未满6个月前，也是应该禁止使用的。最好的办法是夏天不要让他直接暴露在太阳下面。宝宝6个月以后，就可以全身涂防晒霜了，阳光容易晒到的暴露部位要多涂一些，比如耳朵、鼻子、颈背和肩膀等。

误区四，坐在小推车里很安全。宝宝坐在小推车里，位置低，来自地面的阳光反射会给宝宝造成很大伤害。在8岁以前，由于视网膜还没有发育成熟，阳光中的紫外线能百分之百穿透宝宝的视网膜，伤害眼睛的视力。给宝宝戴宽边帽或长舌帽是比较好的眼部遮阳方法。

防晒霜很重要，但它并不是万能的。与紫外线作战，还有一种喜闻乐见的方式——吃！在夏天可以让孩子适当多吃一些番茄、石榴、胡萝卜、猕猴桃等等，它们是天然防晒霜，不会给人体造成副作用。

夏季防蚊贴士

研究发现，蚊子的密度在6月份是一个波峰，到7、8月会有所下降，9月份会形成一个更高的波峰。这其中重要的影响因素是温度：气温在25～30℃时蚊子最活跃，超过30℃或者低于25℃，蚊子的活动就会减弱。7、8月最高气温经常有37、38℃，蚊子也忙着找阴凉潮湿的地方乘凉，9月气温回落，它们又重新猖狂起来。

蚊子锁定目标主要是跟你向它发出"信号"的强弱相关，比如靠二氧化碳、热量、挥发性化学物质等因素。那什么样的人是蚊子的"菜"呢？

第一种，是肺活量大的人。像孕妇、小孩儿以及体型较胖的人，由于新陈代谢旺盛，呼出的二氧化碳也就比较多。而汗液挥发在空气中的气味，也是一个召唤蚊子的信号，运动后的朋友，尤其是孩子们更容易受到攻击。带香味的化妆品、发胶、香水也会招来蚊子。其次，深色的衣服在白天反射的光线较暗,而蚊子正好喜欢在弱光环境下吸血,所以身着深色衣服的朋友也容易成为蚊子的目标。

大家在运动大量出汗后,要及时除汗、洗澡,保持身体清爽;多穿白色或浅色衣服。制造蚊子讨厌的气味也可以达到驱蚊的效果,比如维生素B、洋葱、大蒜、醋等较刺激的味道。像蚊香、杀虫喷雾就不提倡经常使用了,毕竟里面还是含有许多对人体健康有害的化学物质,而且用久了同种品牌的蚊香,蚊子的抗药性能也是会提高的,如果要用,也尽量选择低毒产品。

最干净利落的灭蚊方法是消灭蚊子窝。蚊子喜欢在潮湿的地方繁殖,最好要经常清理花盆的底盘、洗衣机底下的积水、饮水机的水盘、花瓶、卫生间里的肥皂盒等。

"秋阳猛于虎"

秋天,大气中能够吸收紫外线的臭氧层厚度减小,加上天气干燥,空气纯净,紫外线的穿透畅通无阻,秋季的紫外线更具杀伤力。再就是秋季皮肤因干燥而缺水,抵御阳光的能力也有所减弱,更容易被紫外线"乘虚而入"。因此,秋天也要注意防晒。

防晒不应只是室外才做的事。人在车里或室内也不能对此掉以轻心。窗玻璃会帮我们阻隔一种叫UVB的紫外线——这种辐射主要伤害皮肤表层，波长很短，无法穿过玻璃。但是，阳光中有另外一种射线，它就是UVA——长波紫外线，较长的波长不仅能穿透玻璃，还能渗入到深层的皮肤，破坏我们的胶原蛋白，而导致老化和皱纹的出现。所以，无论是在车里还是在户外，防晒霜都是需要的。记住一点：UVB导致晒伤，UVA导致老化。选择防晒霜时，不仅要看防晒系数，还要看UVA的防护等级。

如果不小心被"秋老虎"晒伤，除了药膏和各种乳液，还可以试试下面这几种方法：

日晒后感觉皮肤热、痒就该马上用冷敷，越早越好。用冷牛奶比用凉水冷敷效果更好。除了镇静补水之外，牛奶的酸性对皮肤还有消炎收敛的作用。把牛奶放进冰箱冷藏室降温到4～10℃，用小毛巾浸透冷牛奶，敷在晒伤的部位；若晒伤面积小，用4～8层纱布也可以。每5分钟重新泡一下冷牛奶再敷，敷30～60分钟，一天2～3次，持续3天左右。

晒伤后不能再碰热水，也不能用香皂、沐浴露刺激皮肤。多吃些鸡肉、瘦猪肉、蛋黄、鱼、虾、花生还有豆制品等，它们含有的维生素C可以阻止色素沉积，维生素B6能褪除黑色素斑痕。还可以多吃西红柿，它不仅富含维生素C，也含有丰富的维生素A，对晒后修复很有好处。

此外，用芦荟汁涂在晒伤的皮肤上修复效果也不错，有些人可能对此过敏，最好先小面积试一下。

初秋警惕过敏

在秋季，很多朋友会陆续出现秋季过敏的症状。比如皮肤很痒、开始脱皮、脸上出现红白不一的小块，这些都是秋季过敏性皮炎的症状。

秋季过敏的原因主要有三点：第一是季节变化。最主要是气温的下滑、空气湿度的降低这两方面；第二是气象因素变化的程度，超过了人体的适应能力，从而破坏了人的机体平衡，于是导致过敏；第三是接触的过敏源增多，秋季空气中的尘螨、花粉、细菌含量较高，过敏性鼻炎常常在秋季复发就是这个原因。

防治秋季过敏可分为四个步骤八个大字：敷药、忌口、整洁和锻炼。

敷药就是常涂抹脱敏的药物。在涂药之前最好先用温水清洁皮肤，毛孔打开之后能更有效地吸收药物。过敏性鼻炎的朋友，可以用淡盐水清洗鼻子，因为盐分能够缓解狂打喷嚏、流鼻水的症状。

其次是忌口。麻辣火锅、炸鸡啤酒，就暂时告别这些辛辣刺激的美食吧，多吃些富含维生素 E 的食物，比如玉米、红薯这些谷类，以及核桃、板栗等坚果类，这些都是促进皮肤血液循环、改善皮脂腺的好东西。

再次是保持居家环境的整洁。因为很多过敏源往往来自于日常生活，所以保持家里干净卫生，就意味着远离了过敏源。

女士们也要注意，一些刺激性的化妆品、护肤品也会导致过敏，要减少使用的频率。

谨防$PM_{2.5}$

第一、空气净化器。它能够吸附、分解或转化各种空气污染物，有效提高空气清洁度。实验表明，高效的净化器甚至可以将比$PM_{2.5}$更小的颗粒物过滤掉。需要注意的是，机器需要定期清洗、更换过滤网、滤胆等设备，否则过滤网本身就会成为污染源。

第二、网上流传吃木耳、猪血能排毒，但这并没有医学依据。木耳虽然有助于肠胃消化道中的杂质排出，但$PM_{2.5}$却能进入肺泡，木耳很难奏效。虽然猪血对口腔的灰尘有一定的黏附作用，可清除呼吸道里的灰尘，但用它对抗$PM_{2.5}$在医学上也没有理论依据。所以，靠饮食来排毒，作用微乎其微，但从保健的角度来说，食疗是值得提倡的辅助预防措施。

第三、戴口罩。口罩有很多种，但并不是所有的口罩都能防范雾霾。比如一次性的医用口罩，基本上只能阻挡一些灰尘，对细菌、$PM_{2.5}$这样的细小颗粒几乎不起作用；活性炭口罩对此也是没用的，细小颗粒还会被人吸进体内，形成二次污染。能有效防雾霾的口罩，像厚度有8层以上的口罩或者N95口罩和KN口罩，后两款口罩是经过国际安全研究标准生产的，能过滤90%以上的污染物，才能有效地阻隔污染物。

第四、绿色植物。但普通植物的光合作用在阴霾天受限，改善空气质量的效果并不明显。所以要选择叶子较大的绿萝、万年青等，吸附能力较强。还有仙人掌、龙舌兰、散尾葵（散尾葵被美国宇航局称为净化空气的头号植物），这些植物都是清洁居室空气的"劳模"。

另外，雾霾天气应尽量减少外出，不得不外出时最好避开交通拥挤的高峰期，以免吸入更多的污染物。尽量别去商场、超市这些人多地方，因为这些地方空气流通差。雾霾天的早晨，在太阳升起之前，植物的光合作用没有开始，不会产生氧气，吸入的空气质量不好，因此，应在太阳升起后再外出晨练，或改在室内进行。此外，在雾霾的环境里吸烟，相当于对身体的双重污染。

冷辐射——"偷走热量的小偷"

南方冬天，屋里可能比屋外冷。很多人在家里看电视玩电脑，都会有一种越坐越冷的感受，这是因为一个叫"冷辐射"的"小偷"，源源不断地偷取我们宝贵的热量。什么是冷辐射呢？要先从容易感受的热辐射说起。冬天烤火、用电暖器取暖，和火源热源保持距离都能感到温暖，这就是热辐射。反过来，冬天墙壁、地面或者金属家具温度比较低，我们人体温度比较高，靠近这些冷冰冰的物体时，身上热量就被吸收了，自然有冷飕飕的感觉，这就是冷辐射。冬天里有时候在户外不觉得冷，回到家里反而越坐越冷。

想要预防冷辐射，平常在家里坐着看电视玩电脑的时候，注意远离冰冷的墙壁或者金属家具，在沙发和凳子上可以放一块坐垫，保护好人体的热量。睡觉的时候，最好把床放在离墙壁50厘米以上的地方，就能预防冷辐射，不会越睡越冷了。如果床是靠墙放，可以在墙壁处放置一张泡沫瑜伽垫，既能防潮又能阻断和减轻冷辐射。

俗话说"寒从脚起"，预防冷辐射当然也不能疏忽对腿脚的保暖。在家里可以穿厚底的棉拖鞋，睡觉前用热水泡脚。另外，运动有助于身体加快血液循环，燃烧脂肪提供更多能量。

不做"霹雳贝贝"

秋冬季节天气干燥，有的朋友特别容易"来电"，开门、洗手会被电,脱大衣、拉椅子也会被电,甚至跟人握手都可能被电。而不想当"霹雳贝贝",两招就够了,一是"防",二是"放"。

"防"是不让静电产生。一般空气相对湿度低于30%的环境下摩擦容易产生静电,所以天气干燥的时候,我们要想方设法给空气补补水。可以往地上洒水或者用湿拖把拖地,在屋里放一两盆清水或者种些水生植物养养鱼什么的,也可以买个空气加湿器,让室内空气相对湿度增加到45%以上。平常最好穿纯棉质地的衣服,气象部门施放氢气探空气球的工作人员,就是通过穿纯棉衣服等一系列措施,来避免产生静电的。平时穿脱衣服,从沙发上起来后,多摸一下墙壁,也可以把身上的静电"放"掉,来避免静电的困扰。还有一点要注意,电视机和电脑屏幕通电时产生的静电微粒会飘移到我们身上,所以看电视或用电脑时别忘了打开窗户保持空气流通,跟电视机保持2~3米距离,看完电视或者用完电脑后马上洗脸洗手。

还有一个办法:可以手里握着一大串钥匙,用一根钥匙先碰触一下车门、水龙头这些金属的东西,这样被电的就是钥匙而不是你了。特别是秋冬天开车,经常遇到开门被电到,如果是在加油站加油遇到静电,还可能引起火灾。所以,很多加油机上装有静电释放器,在加油之前摸一下,身上静电就会被导走。如果加油站没静电释放器，只要用手背在车身上或墙壁上蹭一下就可以去掉身上的静电了。

另外，多吃蔬果可以维持人体电解质平衡和细胞膜电位正常；还有多吃带鱼、甲鱼能增加皮肤的弹性和湿润度。这些饮食调节也是秋天防静电的好方法。

冬晒太阳好处多

在冬季和阴雨连绵的季节里，常常会感觉身体和精神头都不如夏季或晴天那么给力，它使人表现出烦躁、忧虑、贪睡、食欲大增等症状。而这一切的主要原因，就是日照少，松果腺素、赛罗托宁等"快乐激素"的分泌减少。所以老话说"阳光是个宝，晒晒身体好"，冬天晒太阳有很多好处。适当的阳光可以避免人体出现"季节性抑郁"。

冬天阳光也不像夏秋季节那么猛烈，这时它是最天然、最省钱的保健品。适当的晒晒太阳，不仅可以温煦阳气，还能促进体内气血流通，对增强人体新陈代谢和免疫功能都大有益处。很多人都知道，冬天晒太阳能够补钙。这是因为皮肤中所含的维生素 D 源，要通过阳光中的紫外线来制造、转换成维生素 D。而维生素 D，能够帮助身体摄取和吸收钙和磷，从而让骨骼更加健壮。不仅如此，阳光中的紫外线有很强的杀菌能力，一般的细菌和某些病毒在阳光下晒半小时或数小时，就会被杀死。

冬季太阳怎么晒

晒太阳也是有讲究的。首先是时间，冬季由于臭氧层比较薄弱，阳光中的紫外线比较强，所以要注意选择时段。上午7—9时阳光中的红外线居多，红外线有温热作用，能促进人体的血液循环和新陈代谢，是晒太阳的好时机。上午9—10时和下午4—5时也是较好的时段，此时阳光中的紫外线Ａ光束占上风，能够让身体储备更多的维生素Ｄ，促进肠道对钙和磷的吸收，有利于骨骼健康。

晒的部位不同，保健功效也不一样。一般来说，头顶、后背、腿脚，还有手心这四个部位，要重点晒。中医认为"头为诸阳之首"，凡五脏精华之血、六腑清阳之气，皆汇于头部。所以，晒头顶能够补阳气，是晒太阳的重点。平时天气好时，尽量不戴帽子，多在阳光下走动。另外很多经脉和穴位在后背，晒后背能起到调理脏腑气血的作用。如果冬天经常感到手脚冰冷，那就多晒晒腿和脚。另外经常晒晒手掌，还能够舒缓疲劳、促进睡眠。只要在阳光下摊开双手，掌心朝向阳光就可以了。

特别提示：躲在家里隔着玻璃晒太阳是没有用的！

一定要到室外,在做好保暖措施的前提下,尽量让阳光直接照射皮肤才好。另外,晒太阳的时候最好穿红色的衣服,这样可以"吃"掉杀伤力很强的短波紫外线,对人体起到一定的保护作用。

冬季善待你的牙

俗话说"牙疼不是病,疼起来要人命。"其实,越是天气冷,越要善待牙齿。冷天里,人们在呼吸的时候,牙齿多多少少会接触到冷空气,患有牙病的人容易出现牙周炎、牙龈出血等病症,特别是冷热交替时节,牙痛的发生率更会大大提高。遇到气温骤降的天气,建议有牙疼病的朋友外出时戴上口罩,避免牙齿受凉。从寒冷的室外进到屋里,稍事休息,喝一点温水作为铺垫,然后才吃热东西。

关于保护牙齿,老祖宗留下一个说法,称作"冷水脸、热水脚、温水牙"。意思是说,用冷水洗脸,增强抗寒能力;睡前用热水泡脚,促进睡眠;而刷牙漱口用温水最好。有人冬天里一打开水龙头,接一杯冷水就开始刷牙了,这种做法很刺激牙龈和牙髓,容易犯牙疼。最好兑些热水,把刷牙水的水温调节到跟体温差不多,减少冷性刺激,因为牙齿是要陪伴我们几十年的。吃火锅时,由于火锅本身温度很高,加上偏温、偏燥的牛羊肉食和滋补品较多，有的还以辛辣为主，吃多了很容易让人上火，牙龈肿痛、出血或者口腔溃疡都会找上门来。建议吃火锅时,别吃太烫的食物，吃火锅之后多补充水分，缓解内燥，同时多吃梨、苹果、香蕉、山楂、甘蔗等水果，生津止渴，及时"灭火"。另外，牙齿不太好的人平时最好少吃酸东西、甜品和含糖饮料。吃完东西及时刷牙漱口或者嚼口香糖，如果能养成使用牙线清洁牙齿的习惯就更好了。平时有时间的话，可以做一下牙齿保健操，使上下牙轻轻相叩，这叫叩齿。古人说每天叩齿三百下可以长寿，还有转舌按摩，让舌头在嘴里上下左右转圈圈，里里外外按摩牙根，对牙齿都是很有好处的。

寒冬熬夜更伤身

　　根据英国的一项调查显示，人体中大概有1400多个基因容易受到睡眠习惯的影响。如果人一天睡眠时间不足4小时，会有80%成为短寿者。晚睡还会引发免疫功能下降和多种疾病，比如乳腺癌，还有心脏病、糖尿病、中风等等。

　　特别是处于一年中最冷的冬季，熬夜会比夏季危害更大。医生解释，冬季人体的阳气比较弱，而在每天的凌晨深夜，既是一天最寒冷的时段，也是人体阳气最弱的时段，抵抗力低，如果这个时候不睡觉，很容易受到寒邪的侵袭。另外，天气寒冷，人们的血液黏稠度高，心脏负荷大，熬夜会大大加重心脏的负担，严重的还会引发猝死。汉代医书中就有"一昔不卧，百日不复"的告诫。所以，冬天能在晚上10点钟左右入睡是最好的。为了获得一个好的睡眠，入睡前有很多方式可以帮忙。比如泡脚暖身、睡前少喝水、晚餐小米粥、减少光线等等。

如果有特殊情况一定要熬夜,不妨试试以下"两招"：一是要注意保暖，二是适当补充维生素B，因为熬夜对B族维生素的消耗特别大。吃蜂蜜也可以，蜂蜜本身含有丰富的天然维生素B。另外，熬夜的时候别老坐着不动，多活动一下四肢，偶尔起来走走，喝喝水，这些小动作能保持身体血液循环畅通，避免突发性的心脑血管疾病。如果感觉非常疲劳，伴有头痛、胸闷等症状，就是身体发出严重警告了，这时候得立刻休息，不能硬撑。

冷天慎防老寒腿

冷空气一来，大风、降温、湿冷不一而足，有"老寒腿"的朋友就遭罪了，腿部发酸发沉不说，有的膝关节疼得厉害，肿得老高，严重的上不了楼梯、想蹲也蹲不下去。

"老寒腿"在医生的口中就是"膝关节骨性关节炎"。膝关节几乎承受着人体全身重量,比较容易磨损,在寒冷的刺激下,容易发炎发痛。一般来说,老年朋友因为膝关节的老化容易得"老寒腿"。但是近年来,医生发现青壮年朋友得"老寒腿"的病例也多了起来,尤其是爱美的女士,在大冷天还要穿裙子、丝袜和高跟鞋,不注意保暖和放松膝关节,年纪轻轻的就"人未老腿先老了"。

为了不让"老寒腿"找上门来,减轻"老寒腿"的症状,保暖是第一要务。如果觉得腿冷,可以动用一些保暖设施,贴些"暖宝宝"什么的。另外,做做运动可以加速腿部的血液循环,增强抗寒能力,减少"老寒腿"现象,像打太极拳、慢跑、骑自行车、跳舞、打羽毛球都是很好的选择,运动的时候,微微出汗就行了。在这儿要提醒一些老人家,喜欢用半蹲的姿势,作膝关节前后左右的摇晃动作来锻炼身体,其实这个动作很伤膝盖的,如果有"老寒腿"的毛病,最好别做这个动作了。

已经发作的"老寒腿",除了注意局部保暖之外,还要进行必要的治疗,让医生开些中药来改善腿部的血液循环,西药治疗可用止痛药、激素类药物。针灸、按摩和理疗等措施也有助于缓解病痛。还要强调的一点就是,咱们要"防病于未然",无论是与冷天打"持久战"还是"遭遇战",都要注意看天气预报。

防冻疮护双手

天气寒冷，手脚冻疮患者明显增多，一旦长了冻疮往往伴随着整个冬天，一到温暖的环境里，冻疮部位就会奇痒难忍，甚至还会出现水疱、溃疡等等，严重影响我们的生活质量！

寒冷是冻疮发生的主要原因，在冬季或初春，气温低造成我们身体局限性皮肤炎症损害，一般发生在手、脚、鼻尖，耳垂和面部，这些暴露在外的部位保暖不好，血液循环能力和抗寒能力相对较差。冻疮常见于儿童、老人以及一些身体较弱的和不经常进行锻炼的人。而潮湿能加速体表散热，所以冬季湿度大的地区，比如我们广西，冻疮发生率要比干燥地区高。

冻疮一旦发生，在冷天儿里是很难快速治愈的，要等到天气转暖后才会逐渐愈合。所以，我们得提前采取预防措施，把冻疮扼杀在摇篮里。首先是加强适合自身条件的体育锻炼，比如跳舞、跳绳等活动，或是利用每天洗手、脸、脚的间隙，轻轻揉擦皮肤，到微热为止，以促进血液循环，消除微循环障碍。还可以取一盆15℃的水和一盆45℃的水，先把手脚浸泡在低温水中5分钟，然后再浸泡于高温水中，如此每天做3次，可以锻炼血管的收缩和扩张功能，减少冻疮的发生。以前就长过冻疮的朋友，可以增加维生素 A、维生素 C 及矿物质的摄入，以提高机体耐寒力。要是不幸被冻疮缠上，不要气馁，冻疮膏赶紧用起来！

除了常规药物治疗，我们身边的许多食材也能对抗冻疮哦！比如用新鲜的生姜片涂搽在长冻疮的皮肤上，连续几天，可以防止冻疮再生；如果冻疮已经生成，可以用鲜姜汁加热熬成糊状，变凉后涂在冻疮患处，每天两次；把萝卜切片，用电炉或炭火烘软，贴在冻疮患处，继续烘烤，也是一个不错的方法。

高血压与天气

国外许多学者对高血压与气象关系进行了研究，发现气象要素的变化对高血压的发生、发展有较大的影响。冷空气来临之前，气温上升到最大值时发病入院患者最多，约占发病率的 53.6%；当气温达到峰值后急速下降时发病人数也较多，占第二位，为 33.9%，由此看来，在春、秋两季，高血压病人主要在气温、气压变化幅度较大的日期里发病率就高。不少轻度高血压病患者在夏季血压可降到正常，不必服降压药，其原因就是天热时血管扩张，使血压下降。其次，夏季出汗多，丢失水分多，使血容量减少，血压也会下降。但是，在盛夏高温季节尤其是出现反常的持续高温时，一些高血压病患者由于对环境适应能力差，血压也会反常地增高，波动极大。因此，中、重度高血压病患者（平时血压>160～180/100～110毫米汞柱）在夏季千万不能麻痹大意，擅自停药。

冠心病与天气

冠心病患者受寒冷的刺激，会使血压上升，心率加快，心脏需氧指数相应增高，然而有病变的冠状动脉不能根据心脏的需要，相应增加对心脏的血液供应。而且经口和鼻吸入的冷空气还可反射性地引起冠状动脉收缩，对心脏供血减少。寒冷刺激使心脏血液供应需要量增加，又因冠状动脉的收缩而减少了对心脏的血液供应量，两方面均能促使心肌缺血，诱发心绞痛。如果心肌缺血很严重或持续时间很长，则发生心肌坏死，即为急性心肌梗死。此外，寒冷还可能影响血小板的机能，使其黏滞度增高，易形成动脉血栓。

因此冠心病人在寒流突降，大风骤起时，要做好预防，以免病情恶化。具体措施是：1. 注意保暖，出门时最好戴口罩，以防冷空气刺激；2. 避免迎风疾走；3. 避免疲劳、紧张、激动；4. 避免引起冠心病发作的其他诱因，如吸烟、饱餐等；5. 坚持预防用药。

气象与运动

小雨中漫步能健身

很多人觉得雨天不好运动健身,其实也不尽然。现代医疗气象学研究表明,小雨中散步有许多晴天散步无法比拟的健身作用。尤其是一场大雨过后雨势减弱阳光初现只剩些雨丝淅淅沥沥洒落的时候,空气含有大量负离子,被称为"空气维生素",对人体健康非常有利。

其次,在霏霏细雨中,树木花草更翠绿艳丽,道路和建筑物更洁净,也有利于消除阴雨天气引起的人体情绪郁闷症。此外,在气温较高的夏季和初秋,冒着小雨散步,无异于进行一次天然的冷水浴,雨滴对颜面、头皮、肌肤进行"自动"的按摩,常常令人神清气爽,耳目一新,疲劳和烦愁顷刻俱除,同时还会大大增强肌体对外界环境变化的适应能力。

雨是在高空形成的,雨滴会受到一定的空间射线辐射污染,小雨滴降落到地面需要20至30分钟,这个过程中,雨滴受到的辐射污染会消失。而大雨滴降落至地面的时间短得多,它所受的污染来不及消散,所以大雨中散步对人体健康没有什么好处。

那么,什么样的雨算是小雨,适合在其中散步呢?一般来说,雨滴细小,在空中如丝如雾,落地时不溅起水花,在平地上不产生明显积水,这样的雨就适宜。小雨中散步开心又保健,但也要注意几点:

首先,绝对不能在雷雨天外出散步;第二,雨中散步需要穿上防滑的鞋子;第三,不要穿得太过单薄,散步时间也别太长,在雨水把身上的衣服湿透之前就该停止,停下来后及时擦干身上的雨水,换上干衣服以防着凉;第四,空气质量较差,有雾和霾的时候飘落的小雨往往夹带着大量污染物,这时就不适合进行雨中散步了。

春放风筝最相宜

春天的郊野空气清新,枝条吐绿,鲜花斗艳,百鸟争鸣,令人陶醉,放风筝是一项特别适合在春游时进行的活动。

从节气上讲,冬去春来,春风习习,给人们带来的是盎然春意。惠风和畅,草木萌发,万物生长,这个时候的风是向上的自然力量,适合风筝在天空飞翔。而其他季节的风则不是这样的:夏天狂猛,秋天萧瑟,冬天寒冷。所以说,阳气生发的春季正是放风筝的好时光。看着人们手拉线绳,把风筝送入晴空,时而飘摇回旋,时而直上蓝天，真是别有一番情趣！总结起来，放风筝不只是好玩，还有"祛病强身、健脑益智、怡情养性"这三大好处：

一、祛病强身。冬季过后，人体体温调节中枢和内脏器官功能都会有不同程度下降，肌肉和韧带长时间不活动，更是萎缩无力。这时到室外放放风筝，登高望远，晒晒太阳，舒展筋骨，可以促进人体的细胞代谢，改善血循状态，消除体内积热，起到祛病强身的效果。而且在放风筝时，眼睛会看着风筝在蓝天白云间摇曳翻腾，可以起到调节视力，消除眼肌疲劳，预防近视的效果。

二、健脑益智。放风筝也是一项健脑运动。处理好风筝和风向、风速的关系，会让放飞者大动一番脑筋。现代人放风筝已经发展到高低变幻、声光俱全的高超技艺阶段，需要动脑筋的地方就更多了。放风筝牵一线而动全身，手脑协调配合，动静有致，张弛相间，对健脑益智大有好处！

三、怡情养性。郊外空气新鲜，负离子含量远远高于市区，在这过程中能呼吸清新的空气，还会令人精神振奋、心旷神怡，烦恼怅惘，都一股脑儿被风筝带入云端，消散于万里晴空，使人在心理上感到愉悦。

由于放风筝的时候要仰头，还得倒着走，所以一定要选择平坦的场地，以免被绊倒；在抬头仰望风筝的同时，不要直视太阳，以免刺伤眼睛；最重要的一点，就是放风筝仰头的姿势不要保持太久,不然就会浑身酸痛。当然,春季天气乍暖还寒,在放风筝的时候还是要多穿一些衣服,以免受凉。

只要注意以上几点,劳逸结合,就可以充分享受放风筝给我们带来的欢乐。

跳广场舞避开"高压锅天气"

广场舞是最受大姐大妈大叔们喜爱的运动了。不管是春夏秋冬,不迟到、不早退,更不会旷工,365天全年无休。其实,不是什么天气都适合户外活动的,除了雷雨天、暴雨天、台风天之外,还有一种天气也是很不适合户外运动的,而且也是大家最容易忽视的,那就是"高压锅天气"。

什么是高压锅天气呢?高压锅天气,就是空气极度不流通的天气,大气出现逆温层,导致污染物无法扩散。比方说像雾和霾严重、连续多日感觉到很闷热,在这样的天气下,户外的尘埃、细菌不能扩散,所以空气质量很不好,吸入体内对身体伤害极大。

夏季运动贴士

夏天运动最好选择早晨或者傍晚到晚上这两个时

段，一来可以避开阳光暴晒，二来早晚也比较凉快。如果是白天运动的话，要注意防暑防晒，最好戴上帽子，涂抹防晒霜，穿上防紫外线运动服，一般来说，知名品牌的往往都有专门设计的面料来帮助我们抵抗紫外线。

在夏天运动补水很重要，如果运动量不大，时间不超过30分钟，喝一般的白开水就行了。如果运动强度比较强，同时运动时间又在1个小时以上，可以喝些运动型饮料。因为长时间运动后，体内水分和电解质随汗液排出体外，这时喝运动饮料可以补充电解质，预防抽筋。另外，运动饮料中还含有一些营养物质，比如说糖和维生素，这些也帮助我们保持运动能力，加速疲劳消除。而对于碳酸饮料或者绿茶这些饮品来说，由于里面含有大量的碳酸和柠檬酸，会刺激肠胃，所以不建议大家在运动时饮用。

夏天气温高，加上运动时人体大量产热，所以为了散热，皮肤毛细血管会大量扩张，其他一些身体器官也处于排热的状态。如果刚运动完马上吹风扇吹空调，洗冷水澡或者喝冷饮，就会使身体遭遇过冷刺激，造成身体内脏器官功能紊乱，所以运动后不要急着休息和纳凉，而是应当做一些放松的拉伸活动，擦干身上汗水，等心率逐渐恢复到正常水平。

秋季运动贴士

第一，不要在马路边锻炼。慢跑配合上清新的空气才更有利于人体健康。城市里的大马路车水马龙，汽车废气污染较为严重，特别是秋冬季节气候干燥，尘土飞扬，跑步时呼吸量增加，如果在马路边锻炼，会吸入更多的污染物和有害气体，反而增加对身体的损害，所以健身锻炼最好选择在公园等安静又干净的地方进行。

第二，不管啥时候都要注意运动保护，预防损伤。秋季气温开始下降，人受凉时肌肉和韧带容易引起反射性收缩，关节活动度减小，如果没有进行充分的准备和热身就进行激烈运动很容易造成肌肉、韧带及关节的损伤。因此，每次运动中要注意运动的方法，做好充分的准备活动，别让锻炼反而成一种伤害。

第三，循序渐进切忌过量。从中医理论来讲，即将到来的秋天，人的精气处于收敛内养的阶段，运动也要顺应这一原则，运动量应由小到大，循序渐进。锻炼时觉得自己的身体有些发热，微微出汗，锻炼后感到轻松舒适，这就是效果好的标准。

夏日游泳安全第一

夏天里，游泳的热力指数爆棚，人们抵挡不住水中清凉的诱惑,再加上放暑假了,学生们有大把时间去嬉水,所以,夏天正是游泳的高峰期。不过要给游泳的朋友提个醒:游泳虽好,安全第一。

首先不要去不熟悉的水域,尤其不要去雨天容易涨水的小溪小河,最好是去经过检验的、正规的游泳池。小孩子得要会游泳的大人陪着,大中学生也不要单独行动,结伴一起去比较好。

在户外游泳还要选天气,天气预报说当地或者上游有中雨以上的降雨,或者有雷雨,就要改期了。雷雨天气游泳有遭雷击的危险,雨下得大还容易涨水,流速增大,容易把人冲走。

下水之前注意进行充分的热身运动。因为在热天里,气温和水温的温差往往超过10℃,突然下水的话,身体一受凉就容易出现头晕、心慌、抽筋等状况。下水之前,最好先用水拍拍前胸后背,让身体逐渐适应水温。在水中不宜游得太久,如果身体出现"鸡皮疙瘩"或者"寒颤"现象,就要及时出水,否则容易抽筋。上岸之后尽快擦干身上的水珠,裹上大浴巾或换上干衣服。

另外,露天游泳还要注意在大太阳天里做好防晒措施,特别是在海边。因为阳光中的紫外线可以穿透水层伤害我们的皮肤,长时间曝晒游泳可能会让人产生晒斑或者发生日光性皮炎。上岸后最好涂些晒后修复露,有助于缓解晒伤症状。

下面是一则关于游泳安全的顺口溜：
夏日游泳高峰期，安全知识要牢记；
江河湖海来排序，不及泳池数第一；
打雷刮风下大雨，别去水中危险地；
下水之前先热身，头疼抽筋都远离；
阳光太强晒伤皮，遮阴打伞要注意；
出门要先看天气，平安祝福伴随你。

秋冬游泳注意事项

秋冬季节游泳锻炼的健身价值可是比夏季要高很多的，能够改善心血管机能，使人适应冷热交替的变化，提高免疫力以及身体的协调性。

不过，冬泳可不是一蹴而就的。想要冬天下水，您最好从夏天就开始练习，秋天尤其需要坚持，以便我们的身体能慢慢适应逐渐降低的气温。

与夏天游泳相比，秋冬游泳还有许多要注意的地方：

第一，准备活动得充足。秋冬季节游泳的时间，最好定在每天中午气温较高时进行。由于气温的降低，关节相对地比较脆弱，下水前，大家一定要把各个关节活动开。建议多做向上跳、拉肩、振臂等伸展运动，重点热身腿部、手臂以及腰部，以防游泳过程中发生抽筋。

第二，装备须齐全，保暖要及时。除了泳衣、泳镜、泳帽外，秋冬游泳一定要带上拖鞋，俗话说"寒从脚下生"，上岸后要穿上拖鞋，千万别让脚湿漉漉的光着；还要带上浴巾或毛巾衣，以便中间休息或沐浴后能好好地保暖。很多朋友在游泳中途休息或上洗手间时不注意保暖，造成体温快速下降，导致受凉感冒。所以起水后一定要披上浴巾，沐浴后及时擦干头发，穿好衣服，有条件的最好用吹风机把头发吹干。

第三，时间长短有讲究。秋冬游泳可不能像夏天一样长时间在水里泡着。要根据个人的身体情况、当天的气温和水温的条件来决定。初学者每次游 3 到 5 分钟就可以上岸了。当出现打"寒战"、皮肤变紫、头晕头痛等现象时，你得赶紧上岸。

跑步健身要看天

对普通人来说，运动的意义不在于赢得比赛，身体健康才是我们最想要的。

最容易进行、花费最少的运动项目就是跑步了。

晨跑不要太早。因为夜晚没有阳光，树木花草和人一样要消耗氧气呼出二氧化碳，而且大气对流弱，空气中的污染物也容易在地面附近堆积。日出之后植物开始光合作用，而且大气对流加强，空气污染物扩散开，空气才变得清新，才适合跑步锻炼。南方夏天太阳一出来气温就直线飙升，这样的大热天要跑步还是躲开阳光在傍晚比较好。

　　到冬天，就该多在户外阳光下跑步了。适当晒晒太阳能促进对钙、磷的吸收，阳光中的紫外线能杀死我们身上的病菌。冷空气的刺激还能增强人体的抵抗力和造血机能，在冷天坚持跑步的人很少患贫血、感冒、气管炎和肺炎等疾病。要注意的是：冷天气温低，我们肌肉关节的弹性和灵活性降低，跑步前要充分热身。

　　大风天跑步要掌握好呼吸的节奏和深度，不要张口吸气，冷风刺激到咽喉和气管会咳嗽的。如果风太大，尘土飞扬，就要改在室内运动了。

　　在空气清洁的乡村郊外轻雾缭绕的时候跑步会有腾云驾雾的感觉；但在城里或者有污染的地方绝对不要在雾天跑步；浓雾吸附了太多的污染物，对人们的肺部有危害。

　　遇到下雨天，如果天气不冷、雨又下得不大，在水泥路面或者运动场上跑步是可以的，但不要太快，小心滑倒。跑完后尽快擦干身上的雨水和汗水，换上干衣服。

　　雪天跑步要戴帽子手套保护耳朵和手，跑的时候步子要小，频率要快，防止踩在不平的地方扭伤。在阳光下的雪地跑步要戴墨镜，防止雪反射的光刺伤眼睛。

　　饿肚子的时候不要进行太大运动量的锻炼，长距离健身跑之前最好先喝一小杯糖水或少吃一点点心类的食品。

九九重阳宜登高

重阳节是敬老节,也叫登高节。这个时节全国大部分地方秋高气爽、风轻云淡,人们会扶老携幼,到户外爬山,欣赏秋日美景,呼吸新鲜空气。登高爬山能增加肺通气量和肺活量,增强血液循环。随着高度在一定范围内的上升,大气中的氢离子和负氧离子含量越来越多,加上气压降低,能促进人的生理功能发生一系列变化,对哮喘等疾病可以起到辅助治疗作用,还能降血糖,增高血红蛋白和红细胞数。另外爬山时气温变化频繁,对人也是一种耐寒锻炼。

带老人登山最好到医院做一下体检,严重高血压、心脏病、肺结核、神经系统疾病等患者不适合爬山。登山穿球鞋、布鞋、旅游鞋都行,就是不要穿高跟鞋。

登山之前做一些热身运动,登山的速度随意,"走路不观景、观景不走路"。老人上山下山时都要"悠着点",别走太快,年纪大了膝盖和腿部肌肉容易受伤。

要提前了解天气、看好登山路线,安排好休息的地方,不要坐在潮湿的地上和风口。给家人准备一条擦汗的毛巾,别让他们太快脱衣摘帽,免得受风着凉。

休息的时候别忘了给老人按摩一下腰、腿。

在山里碰到打雷下雨,不要在山顶或大树下躲雨,以防被雷击,也不要待在山沟低洼处,以防有山洪。躲雨应该在山腰的洞穴或者比较大而牢固的建筑物里。

"冬练三九"益健康

俗话说"夏练三伏,冬练三九"。数九寒冬里,适当的锻炼,不但可以让身体暖和起来,还可以增强抵抗力,保持充沛精力。比如说跳绳,动作简单,对场地要求不高,随时随地都能开展。有数据统计,用最快速度跳绳 1 分钟,休息 30 秒,再继续跳,重复 10 到 20 分钟,就可以激活体内的棕色脂肪,进而燃烧更多卡路里。

大众运动除了跳绳,还有跑步。冬季跑步的健康回报很高,因为低温有助于减掉多余的脂肪。在大冷天里运动,身体会比平常消耗更多的能量来维持体温,所以冬练三九,只要付出和平常一样的运动量,就能燃烧更多热量。

另外,在寒冷天气里定期跑步还能大大增强免疫力,把跑步比喻成低成本大收益的"'便靓正'运动维生素"一点也不为过!有证据表明,冬天只要跑到微微出汗的程度,就能把感冒的风险降低 20% 到 30%。在北风呼啸的日子里,可以多穿几层衣服再跑上街头,这样能保证在跑步的前10分钟身体不被冻僵。建议穿上有拉链的外套，跑出汗后拉开拉链，也可以把外套脱下来绑在腰上，让身体散发多余的热量。实在怕冷可以到健身房，在跑步机上锻炼。

冬泳是属于勇敢者的游戏。运动学家发现，让身体接触冷水不光能强身健体，还可以大大缓解工作压力。对冬泳刚入门的新手来说，最安全的起步方式就是加入一家俱乐部，或者寻找志同道合的朋友一起游泳。冬泳下水前一定要充分热身，下水头5分钟最好待在岸边，万一不适应水温出现抽筋可以赶紧上岸。下水游一会，就能逐渐感到身上暖和起来，这说明身体已经活动开了，这时就能体会到冬泳的乐趣。游泳出水后最好用浴巾擦身，一来可以披着保暖，二来可以更快地擦干身子穿衣服，避免着凉感冒。

有氧运动助减肥

有氧运动是指人体在氧气充分供应的情况下进行的体育锻炼。之所以推荐有氧运动，是因为脂肪代谢必须在氧气参与下才能进行，所以有氧运动是减肥的最佳锻炼方法。不但能够促进脂肪的燃烧，还可以提高心、肺功能，让全身各组织、器官得到良好的氧气和营养供应，提高新陈代谢，加速消化和热量消耗。

减肥有氧运动——羽毛球

美国大学运动医学会提出，要达到全身减肥的目的，每天应该做30分钟以上，每分钟心率为120～160次的中低强度有氧代谢运动。而对于普通羽毛球爱好者来说，这恰恰相当于一场低强度单打比赛的运动量。羽毛球是一种全身运动，热量的消耗很高。在打羽毛球时，需要不停地运用手腕和手臂的力量握拍、挥拍，还要充分活动踝关节、膝关节、胯关节等部位，做出滑步、跐步和弓箭步等各种步态。因此，可以使全身肌肉和关节得到充分的锻炼。另外，在捡球、接球的过程中，不断地弯腰、抬头等动作，还会使腰部、腹部的肌肉得到锻炼。所以，长期进行羽毛球锻炼，可以起到显著的减肥塑身功效。

除此之外，羽毛球还是一种能让身心愉快的运动。空闲时间，约上三五好友，或者和家人一起，在简单的挥拍之中就能体会到运动的快乐。

如果你是个经常在电脑前一坐就是几个小时，经常会肩酸背痛、用眼过度的办公室一族，那选择羽毛球来减肥，就更没错了！因为在打羽毛球时，眼睛要紧追高速飞行的球体，眼部的睫状肌会不断地收缩和放松，这大大促进了眼球组织血液循环，从而改善你的视觉灵敏度，对缓解视觉疲劳是非常有好处的。而在打羽毛球时，不断的抬头和肩部运动，则可以使您因为长时间伏案工作而僵硬的颈部和肩部，都得到很好的放松和锻炼，预防颈椎病和肩周炎，绝对是一项一举多得的减肥运动。

和其他几个减肥运动一样，要达到全身减肥的目的，在打羽毛球时不用过度的追求运动强度，只要每周坚持运动 3～4 次，每次打 1 小时左右，中低强度就可以了。

小提示：打羽毛球之前一定要做足充分的准备活动，不然很容易扭伤。另外，夏天天气炎热，尤其是球馆里，会更闷热一些，所以，打球的过程中，一定要根据身体状况，及时的补充水分。但是要注意，也不要一下子喝太多水，不然不仅跑动起来会觉得不舒服，对身体也是没好处的。

减肥有氧运动——瑜伽

夏天是练瑜伽的最好时机。因为夏天人体气血比较畅通，练习起来不但轻松很多，充分伸展后的身体也会变得更加畅快、舒适。尤其是患有关节炎的朋友，病症往往是冬天严重、夏天缓解。所以更应该抓住这个机会，来对受损的关节做一些辅助性的锻炼，帮助体内寒气瘀血和积湿排出体外。瑜伽是一项很流行的减肥运动，除了减肥健身之外，夏季练习瑜伽，还有一个最大的好处，就是可以帮助人从烦躁的心情中平复下来。有研究表明，气温升高，气象条件对人体下丘脑的情绪调节中枢的影响会明显增加。一旦温度上升的变化幅度增大，人的精神、情绪就会产生波动，不仅会带来身体上的不适应，还会对人的心理和情绪产生负面影响，也就是常听说的"情绪中暑"。而练习瑜伽，恰好可以帮助放松心情、排除杂念，消除抑郁和烦躁情绪。

太饿或者吃得太饱，都是不适宜进行瑜伽锻炼的。您可以在练习瑜伽前2～3小时，吃一些容易消化的食物，比如水果，酸奶等。而在练习的过程中，还要注意及时给身体补充水分。练习时，首先要选择适合自己的瑜伽类型。动作要轻柔和缓，由易到难，练习时间最好在1小时左右，每周要至少锻炼3次。

有的人为了能快速减肥，选择在38～42℃这种温度过高的环境中进行瑜伽运动。其实，这不论是对身体健康，还是减肥效果，都是不太好的。因为这样的高温环境，会对体温中枢造成一定影响，有碍散热系统的正常运作。而且，过高的温度会导致人体内的体液和电解质大量流失，很有可能发生抽筋、中暑。所以，练习瑜伽时，最好选在空气新鲜、阴凉通风的环境，室内、室外都可以。

小提示：练完瑜伽后，千万不要马上洗冷水澡或者吹空调、喝冷饮。最好先稍微休息，喝点水，然后再洗个热水澡，让全身的肌肉得到放松。瑜伽绝不仅仅是摆几个姿势，在练瑜伽的时候，更要调整呼吸和放松心情，要做到心无杂念。

减肥有氧运动——骑单车

骑自行车（单车）是医学界和运动界公认的最佳有氧运动之一，不但可以使全身得到运动，燃烧体内的脂肪，还可以改善心肺功能，预防大脑老化。研究表明，骑单车一小时可以燃烧 450～600 卡*的热量，相当于长跑一个半小时，减肥效果非常明显。而且，在骑自行车时候，两腿交替蹬踏这个看似简单的动作，可以使左、右侧大脑功能同时得以开发，提高神经系统的敏捷性。有调查统计发现，在世界上各种不同职业人群中，邮递员的寿命最长的原因之一，就是他们在传递信件时常骑单车的缘故。

不过，也有人担心骑单车会影响腿部曲线。其实，只要骑的姿势正确，腿不仅不会变粗，还会因为肌肉平顺发展，而把腿部线条拉得更好看。

---

*1 卡 =4.182 焦耳，下同。

正确的骑单车姿势：正确的骑单车姿势应该是身体稍前倾，两臂伸直，腹部收紧，采用腹式呼吸方法，两腿和车的横梁平行，膝、髋关节保持协调，身体不要左右摆动，并注意把握骑行节奏。在骑车前，首先要调整好自行车的高度，以免大腿根部内侧及皮下组织挫伤。踩踏板时，要用脚趾后方的脚掌踩，这样不仅蹬踏起来轻松，还可以锻炼小腿肌肉。而蹬踏的时候，要将分为踩、拉、提、推四个连贯动作。脚掌先向下踩，小腿再向后收缩回拉，再向上提，最后往前推，这样正好是蹬踏一周360度。这样有节奏地蹬踏，不仅省力还能够提高速度。

小提示：强度、频率和运动量是运动的三原则，在骑单车的时候，不要只追求速度或者里程。想要达到理想的减肥效果，最好每周骑3次以上，每分钟的蹬踏频率在60～80次左右，每次骑40分钟到1小时，就可以了。初学者也不要太心急，可以先选择较为平坦的路面，等找到合适自己的频率后再增强运动量。

减肥有氧运动——游泳

游泳之所以能减肥，是因为人在水中活动的阻力比在陆地上大12倍。当人在水中游泳时，强大的阻力能够使背部、胸部、腹部、臀部和腿部的肌肉得到很好的锻炼。在游泳时，基本（身）上人体的每一个部位，都能充分运动起来。而且，因为在游泳时身体处于水平运动状态，对提高全身血液循环、加速新陈代谢也是非常有好处的。除此之外，由于水的传热速度比空气要快，人在水中丧失热量的速度也就更快。有研究表明，人在14℃的水中停留1分钟所消耗的热量，就高达100千卡。而要在14℃的空气中散发这么多热量，则需要1小时。所以，游泳绝对可以说是一项事半功倍的减肥运动。

怎么游泳才能减肥呢？首先，姿势要正确。有四个最能燃烧脂肪的泳姿：仰泳、蛙泳、自由泳和蝶泳。这四个泳姿，锻炼的重点不同，减肥的效果也不一样。仰泳，对消除腹部多余的赘肉是最有效果的。蛙泳能够让大腿充分地展开和收缩，对腿部减肥最有效。蝶泳，需要用腰部来牵动全身，可以消除腰部的赘肉，让腰部变得柔软而苗条。自由泳，可以同时让手臂、臀部、双腿都得到很好的锻炼，让身体变得更加匀称、结实。第二，要掌握好游泳的时间。在开始游泳的时候，处于无氧运动阶段。只有游泳时间进行到40分钟以上，才开始消耗脂肪。所以，每次游泳时间应在1小时左右，每周游3～4次才能达到减肥所需要的运动量。

小提示：游完泳之后，体能消耗很大，很容易胃口大开，这时候如果想减肥，千万要控制食量。

减肥有氧运动——快走

快走可以称得上是一项非常完美的有氧运动，不仅易于掌握，不容易发生运动伤害，而且对场地、时间等都没有固定要求，只要一双舒适合脚的运动鞋、一身宽松吸汗的衣裤，就可根据自己的情况，随时随地进行锻炼。走路被世界卫生组织认定为"世界上最好的运动"，不少国家的心脏协会和专家都鼎力推荐，目前已成为全球最流行的保健运动。研究者发现，如果每星期都能做75分钟的快步走，那么比起完全不运动的人来说，在40岁之后寿命可以延长1.8年。而如果一周能快步走450分钟以上，则可以延寿4.5年。

当然，虽然快走运动非常简单，但是如果讲究一点小技巧，不论是减肥，还是健身，效果都会更好。专家认为，正确的走路法就是不会给脚、膝盖增加负担，也不容易疲倦的走路方式：

一是背要挺直、肩膀不要用力。二是走路的时候手肘稍微弯曲，膝盖伸直，脚跟先着地，体重从脚的外侧移动到脚尖，由脚尖踢出前进。三是步伐大小要适中，可以按照身高乘以0.3来计算，就是合适的步伐大小了。走的比较快的时候，步伐也要随之稍微增大。四是脚尖踢出的幅度不要过大，最好是向外5～10度；

走的时候要注意把脚抬起来。而快走的具体速度，就要因人而异了。但是想要达到减肥效果，最好是把速度控制在中等强度。也就是在走的时候，感觉自己"呼吸加快，有点喘"，但又"可以与人正常交谈"最好。

小提示：快走时最好选择空气清新、视野开阔、安全的场所，每次快步走前，要慢步走进行适当热身，然后再逐渐加速。这样坚持一段时间以后，就可以根据自己的体能状况，逐步增加快走的时间和距离。从而达到良好的减肥和健身效果。

减肥有氧运动——爬山

爬山既可以锻炼身体，又可以陶冶情操。爬山属于有氧运动，能使肌肉获得比平常高出10倍的氧气，从而使血液中的蛋白质增多，增加免疫细胞数量，增强免疫力，帮助及时排出体内的致癌物、有害物、毒素等，在促进新陈代谢的同时，加快脂肪消耗，因此爬山也有"塑性"的功效。

许多朋友对在炎热天气中登山所存在的危险性认识不足，往往简单地认为最多不过"中暑"而已。这样的认识是很片面的。千万不要认为在我们周边的"小山"里出不了事儿，只要在山上，什么事情都可能发生。

如果患有心脏病，最好不要爬山。爬山体力消耗较大，会加重心脏负荷，容易诱发心绞痛、心肌梗死。另外，患有癫痫、眩晕症、高血压、肺气肿的病人，更不宜在夏季爬山。

想要有效地减少意外发生，就要从选择登山路线入手。一条设计良好的登山路线，应有明确的撤退路线，同时沿途最好有补给和通讯站。在夏天还要考虑两个因素。一是沿途的水源问题。在炎炎夏日里，用冰凉的溪水洗洗脸和手，可以减少中暑的危险。二是登山路径。最好中途有林荫，避免长时间曝晒。此外，要选择吸汗而且干得快的衣物以适合登山，并且最好选择浅色衣服，以便减弱直射阳光，从而降低身体的热度。

爬山不像周末郊游，要消耗巨大的体力。爬山前还应做些简单的热身活动，如果中途感觉疲劳，或者心慌、胸闷、出虚汗等，要立即停止运动，就地休息，不能勉强坚持。

气象与饮食

"清明蔗,毒过蛇"吗

有一种说法叫"清明蔗,毒过蛇"。这样的说法不是空穴来风,但并不完全正确,正确的说法应该是:发霉变质的甘蔗才有剧毒。一旦误食霉变的甘蔗,10分钟到几小时内就会出现恶心、呕吐、腹泻、头晕、头痛、眼发黑这样的中毒症状,严重的还会抽搐、昏迷甚至死亡。对这种中毒目前没有特效治疗方法,所以需要多留心,避免"病从口入"。

有毒的甘蔗为什么会和清明扯上关系呢?这是因为清明前这段时间大地回暖,气温回升,而且南方的春天多阴雨,温暖潮湿的气候环境非常有利于细菌滋生繁殖,砍收下来的甘蔗保管不好就容易发霉变质。其实,不管到没到清明,只要是发霉变质的甘蔗都不能吃。

春季饮食养肝

春季万物萌生,正是调养身体五脏的大好时机。按照中医"四季侧重"的养生原则,春季补五脏应该以养肝为先。药补不如食补,向您推荐几种有利于春季养肝的食物。俗话说,以形补形、以脏补脏,最佳选择是鸡肝,它味甘温和,补血养肝,是动物肝脏中补肝效果最好的;还有以味补肝,首选食醋,醋味酸而入肝,具有平肝散瘀,解毒抑菌等作用。以血补血是中医常用的治疗方法,我们可以食鸭血补肝血,鸭血性平,营养丰富,有助于我们养肝。平时吃的蔬菜中,舒肝养血,菠菜最佳。

冲饮春茶几多讲究

清明时节是购买新茶的好时机。按季节划分,当年5月底之前采制的茶叶叫春茶,6月初到7月初采制的是夏茶,7月中以后采制的当年茶叶算秋茶。

不同的气候条件对茶的品质有决定性影响:夏天天气炎热,夏茶中营养含量少,滋味苦涩。秋茶采摘时雨量不足,茶叶显得枯老、香气较少、叶色发黄。而春季气温适中、雨量充沛,有利于茶叶中营养的合成与积累,而且茶树经过秋冬季休养生息,体内也积累了丰富的营养,所以春茶中营养含量较高,茶汤滋味鲜爽,香气浓烈,保健作用更明显。加上春茶是在气温较低的冬春时节生长的,一般没有病虫害,不需要使用农药。所以,春茶往往是一年中绿茶品质最好的。

要买到真正的新鲜春茶,要掌握"干看"和"湿看"两个步骤。

"干看"指冲泡前看。春茶的叶子一般裹得紧实肥壮,有的还有较多毫毛,色泽鲜润,香气浓郁清新。夏茶和秋茶则叶子松散,颜色暗,香气也比较淡。冲泡茶叶后进入第二个检查阶段——"湿看",主要是闻香、尝味、看叶底。春茶冲泡时茶叶下沉比较快,香气浓烈持久,滋味醇厚。夏茶和秋茶在冲泡时茶叶下沉较慢,香气不浓,茶底薄而且较硬。

春茶属于新茶,新茶中刺激性物质含量比较多,喝起来特别提神,但是对心脏和胃肠道会有强烈刺激,所以买回春茶后最好放一段时间,等茶里的多酚类物质自然氧化,刺激性降低以后再喝。

储存新茶最简便的方法就是放进冰箱。不过要注意:冰箱里比较潮湿,还放有其他食品,而茶叶容易吸潮吸味,所以放进冰箱的茶叶必须密封良好。建议把干燥的茶叶用软白纸包好,放进塑料食品袋,轻轻挤压排出空气,用细软绳扎紧袋口,再取另一只塑料食品袋反套在外面,同样挤出空气扎紧,再放进干燥密封的铁筒,用透明胶条封好,放入冰箱冷藏室,保持温度在5℃以下。保存一年,茶叶的色、香、味基本不变。从冰箱里取出的茶叶拆开后最好摆放一段时间,让茶叶容器在空气中"回回水",适应一下外界的温度再冲泡饮用。

高温天饮食

　　高温天气里人体出汗多,除了多喝水,还可以喝些粥、汤水之类来补充水分和盐分。绿豆海带汤、酸梅汤清凉解暑。山药红豆粥能补肾、消水肿,荷叶粥清胃润肠,银耳粥生津润肺,莲子粥健脾益气,桂花糯米粥养血安神。可以根据个人体质选择几个合适的粥品。特别提醒一句,准妈妈们不要喝薏米粥。另外,时尚的水果粥、鲜花粥,既能补充营养,又能美容养颜,也可以按自己的口味试做几款。

　　饭桌上汤水是少不了的,西红柿蛋花汤、丝瓜汤、冬瓜汤、紫菜汤、榨菜肉丝汤都是清爽开胃的。想要增加食欲,酸东西可是个宝。女孩子天生喜欢吃酸东西。除了吃些酸萝卜、酸豆角、酸木瓜之类,炒菜的时候放点醋,或者切个柠檬,把汁挤在鱼、肉、蛋上,都能帮助消化。如果热天消化不良,可以在柠檬水中加一片薄薄的姜,吃饭时喝,对促进消化液分泌有好处。有酸味的水果,像圣女果、草莓、葡萄、山楂、菠萝、芒果、猕猴桃等等,老少皆宜。

　　热天还有一宝,就是苦味的东西。蔬菜和野菜里有苦瓜、萝卜叶、苦笋子、苦麻菜、芥菜、白花菜、一点红、枸杞叶等。另外,杏仁、桃仁、薄荷叶也有一定的苦味，可以帮助清热消暑。

八桂六月芒果香

说到芒果，不能不提广西享誉国内外的百色芒果。为什么"世界这么大，芒果这么多"，唯独百色的芒果名声"响当当"呢？

百色右江河谷是中国四大干热谷之一。这里地势呈南北高、中间低，自西北向东南倾斜；这里的土壤成土母质，为第四纪红土发育而成的赤红壤、沙壤土、黄壤土，土层深厚、肥沃、可耕性好；加上右江河谷属南亚热带季风气候区，冬春少雨，春季回暖快，非常适合芒果生长。除了直接生吃芒果，现在吃芒果的花样可是数不胜数：有芒果班戟、芒果绵绵冰、芒果小丸子、芒果千层饼等。

吃芒果也是有讲究的。一、吃饱饭后不宜马上吃芒果，也不宜和大蒜、酒等辛辣的食物共同食用，因为它们含有较多的刺激性物质，容易引发皮肤过敏，给肾脏造成负担。二、芒果中含有较多的果酸等刺激性物质。如果芒果汁沾到眼睛或皮肤，容易造成红肿、瘙痒等发炎症状。小朋友免疫力低，皮肤娇嫩，因吃芒果患上"水果疹"的概率要大于成年人。三、芒果属于湿热性水果，"湿"是中医学上六个致病原因之一，比如因"湿"引起的湿疹、水肿、脚气等。如果体质带"湿"，又吃过多的芒果，可能会让病情加重。患有皮肤病或是肿瘤的朋友，就更加不宜吃芒果了。

夏季荔枝 食之有道

"日啖荔枝三百颗，不辞长作岭南人"，这是宋代文豪苏东坡颂咏荔枝的名句。荔枝可以改善失眠、健忘、延缓衰老。除了直接剥皮食用，荔枝还可配上鸡鸭、蔬菜烹炒成各式菜肴，比如荔枝虾仁、荔枝蒸蟹、荔枝炒花甲等。在荔枝产地，还常常将其制成荔枝汁、荔枝汽水等饮料，也不失为一种方便的食用方法。

挑选荔枝的小技巧：先在手里轻轻捏一捏，好荔枝的手感应该是发紧而且有弹性的。从外表看，新鲜荔枝的颜色一般不会很鲜艳。如果荔枝头部比较尖，而且表皮上的"钉"密集程度比较高，说明荔枝还不够成熟，反之就是一颗成熟的荔枝。如果荔枝外壳的龟裂片平坦、缝合线明显，味道一定会很甘甜。

如何吃荔枝才不会上火？第一种方法：盐水浸泡。在剥荔枝时，不要将白色的薄膜也剥掉，冲洗干净后，让荔枝在浓度为30%的盐水中洗个澡，一个小时后取出，剥开白色薄膜就可以吃了。经过盐水的浸泡，能很大程度降低荔枝的火气。第二种方法：吃掉果膜。大多数人吃荔枝时一般是剥掉荔枝薄膜的。但如果要防止上火的话，建议连薄膜也一起吃掉。不过，口感会有些涩涩的。第三种方法：每次不宜超过10颗，尤其是小孩子。糖尿病患者、容易胀气的人、正在长青春痘、伤风感冒、急性炎症的朋友最好不要吃荔枝了，否则会加重病症。

大暑节气多吃瓜

每年的大暑时节是阳气最盛的时候，炎热的程度也会从此达到一个顶峰的状态，这个时候人经常会觉得比较累，食欲不振，您不妨吃吃瓜。

首先是丝瓜，丝瓜含有的营养能够防止皮肤老化、增白皮肤、消除斑块，所以丝瓜汁有"美人水"之称。丝瓜是一种既能吃又能外用的蔬果，想要美白祛斑，一定不能少了它。

还有南瓜，南瓜叶是排毒养颜的佳品，并且脂肪含量很低，如果害怕体重增加，就多吃点南瓜。南瓜还可以降低血糖和血脂，很适合高血压和糖尿病患者食用。

再就是西瓜，西瓜堪称盛夏之王，不仅清热解暑、生津止渴，还有助于提升我们的食欲。不过西瓜可不要吃太多，会伤脾利湿，容易拉肚子、胃扩张，也容易让脾胃虚弱。而生病需要吃药的朋友更不要吃了，因为会影响肠胃吸收药物。

路边扁桃别乱采

扁桃被誉为南宁市的"市树",很像芒果,果肉酸酸甜甜很诱人。一到成熟期,阵风一吹,经常就会有扁桃从树上掉下来,露出黄色的果肉,溅出香气浓溢的果汁。

不过一些朋友吃了路边的扁桃以后,出现了拉肚子等症状。绿化部门的工作人员提醒大家,扁桃树是作为城市景观树来养护的,发现有虫害会经常喷洒农药。尽管使用的是低毒农药,但是不会像果园那样严格控制喷洒农药的剂量和间隔期,这样一来,安全性就难以保障了。另外,掉在地上的果实有些已经摔裂,天气炎热时细菌很容易滋生,果肉容易被细菌感染,吃坏肚子也就在所难免了。

另外,这些果树的土壤、施的肥料和一般果园也不一样,不一定符合标准,可能含有铅、汞这些重金属污染,加上路边车来车往的,这些果实长时间在大街上会吸收灰尘还有汽车的尾气废气,所以还是不吃为好。特别是有些朋友拿着长竿去捅果树的,捅下来的不一定是好果子,还伤了路边的花花草草,有失文明。至于掉在路上的果实,大家看到了也别一时兴起用脚去踩,环卫工人很辛苦的,您还是顺手捡起来扔到垃圾桶里为好。

夏日健康吃冰

有人说，夏天请人吃饭，您不如请人吃冰。但吃太多冰是会闹肚子的，请记住以下几点。

吃冰的时候不要急着把冰吞下去：先含在嘴里，等冰融化了，温度回升一点再慢慢吞下去，这样就可以只凉在口，不凉肚子了。吃绵绵冰时，如果自己肠胃比较弱，可以先吃里面的水果、红豆这些配料，或者把料和冰拌一下，让冰稍微融化一些再吃。如果刚跑完步或者打完球、大汗淋漓，要缓一下再吃冰，大热大冷肯定会得病的。最适合吃冰的时间是有阳光的中午到下午3时之前。有一些时间段也不能吃冰，像女孩子的生理期、刚起床的时候、饭前饭后一小时以内、空腹的时候、临睡前都是不适合吃冰的。

油茶

油茶是一种极富少数民族特色的传统小吃，在桂北地区比较风行，那里的苗族、瑶族等少数民族同胞已经把打油茶当作生活中不可缺少的一部分，到他们家作客，主人总要打上一锅油茶以表欢迎之意。

桂北地区湿度大，冬天比较寒冷，而油茶具有非常好的祛寒除湿、提神醒脑之功效，具有很好的保健作用，因此倍受青睐。桂北各少数民族制作油茶的方法大同小异，一般都有以下步骤：首先是在铁锅中放入花生油或茶油烧热，再放入茶叶一起炒，接着倒入温水，边煮边用茶叶槌锤打，同时加入生姜、盐或糖煮沸，然后将茶水盛入碗中，放入适量的米花、炸花生、油果子、葱花、香菜等，这样一碗色、香、味俱全的油茶就可以享用了。

天气转凉正是喝油茶的好时机。不过如果是头一回喝油茶可能会不太习惯，因为关于喝油茶有这样一句顺口溜："一杯苦，二杯涩，三杯、四杯好油茶。"意思是头两杯油茶很浓，可能会比较苦涩，不过不要紧，喝上第三、第四杯油茶就是口味极佳了。

秋季品蟹正当时——大闸蟹

俗话说："秋风起，蟹脚痒，菊花开，闻蟹来"。秋天正是螃蟹最肥美的季节。大闸蟹被誉为"秋天第一鲜"，阳澄湖的蟹更是"蟹中之王"，这美味不是吹的。大闸蟹生活在气温很低的深水湖里，特别耐寒。如果把各种蟹都浸泡在冰水里，别的螃蟹冻死了，大闸蟹还生龙活虎，所以它属于寒性很重的食物，要健康地吃还得有一番讲究呢。

肉质寒凉的大闸蟹，不宜再和寒凉的食物一起吃，特别是脾胃虚弱的朋友，容易腹痛腹泻。在大闸蟹的产地江苏上海一带，吃蟹特别讲究，一般会配上温过的黄酒，还有加了姜、葱、醋的调料来帮助暖胃，吃完蟹再来一杯暖暖的姜茶，祛除身体的寒气。有两样东西和大闸蟹是冤家，千万不要一起吃：一是茶叶，二是柿子。它们都含有鞣酸，会使蟹肉的蛋白质凝固，影响消化。

吃蟹也算得上是一个技术活，想要吃尽兴不浪费，还是应该讲究步骤。蟹冷了容易腥，所以行家一般先吃蟹腿，因为蟹腿凉得最快，再到蟹钳、蟹壳，最后才吃蟹肉。可别乱嚼一气，蟹盖里三角形的骨质小包（也就是蟹胃）和蟹身上两边的鳃是不能吃的。中间像六角形一样的白色片状物，它是蟹的心脏，也是整只蟹里最寒的部位，所以也要挑出来。对于爱蟹的吃货来说，品蟹的过程就是一种特别美的享受。

秋季品蟹正当时——海蟹

说到吃蟹，我们广西人还有一个福利，那就是北部湾，俗话说靠海吃海嘛！北部湾具有得天独厚的气候条件与海洋环境，海产资源丰富，所以这个时节我们不光能吃到大闸蟹，还可以吃到花蟹、青蟹这些海蟹。

在北海、钦州、防城港一带,历来都有"一蟹上桌百味淡"的说法。海边人吃蟹,历来喜欢清蒸,追求原汁原味,返璞归真。蒸好的大青蟹端上来,把鳌掰开,露出里面小鲜肉,蘸点酸甜姜葱汁,一口咬下去,丝丝瓣瓣,肥实爽滑,真让人欲罢不能。

面对市面上这么多品种的螃蟹,到底吃哪种好呢?别看河蟹海蟹同样是蟹,吃起来却是各得其趣,在营养方面,更是各有千秋。

据中国食物成分表显示,河蟹的维生素A、E,以及维生素B1、B2的含量都高于海蟹,而钠钾镁元素含量却比海蟹少。不过就大家最关心的胆固醇而言,河蟹反而是海蟹的两倍多。所以说血压偏高的朋友,最好选择钠钾元素相对较低的河蟹了,胆固醇高的朋友则适合吃海蟹。

想要螃蟹好吃,就要会挑选,挑花蟹的话可以按一下白色那面的肚子,肥的蟹肚子会偏硬,反之按下去软的蟹肯定是瘦的。螃蟹首选青背白肚、金爪黄毛,个大老健,肚厚外凸,生猛活跃,此为上品。

秋季比较凉燥,加上螃蟹性寒,所以吃螃蟹可以蘸些姜葱醋汁,喝点黄酒,吃完后,还可以喝些热姜茶去去寒气。

气象与饮食

生梨熟吃好处多

秋天雨水少了,天气干燥。炎热潮湿的夏天岭南空气相对湿度一般都在80%以上,雨天甚至能达到100%,而秋季广西大部分地方中下午空气相对湿度只有30%多。湿度下降这么厉害,我们的身体适应需要一个过程,加上白天气温尚高,燥热天气对我们身体的影响就是"秋燥"、内热、皮肤发干发紧,还有像我这段时间老觉得喉咙干干痒痒的,想咳又咳不出来。

梨是最能润燥的水果,它清甜爽口水分多,而且热量低,好吃又不怕长胖。中医说它能生津止咳、润燥化痰,还有清热润肺等很多功效。近来有报道说,饭后或者吸烟、吃烧烤后吃梨能帮助人体排出致癌物质,有防癌功效。虽然这方面研究还没有确定的结果,但吃梨排毒这是得到确认的。

梨属寒性水果,如果担心吃太多受不了的话,可以把梨做成糖水或者做菜吃熟的,这样就不怕寒凉了。

把梨削去皮,切下上端大概1/5当盖子,挖掉梨核,里面放几块冰糖,想清热止咳效果更好的话可以到药店买些川贝,每个梨里加几颗,然后把上端盖好,插上牙签固定,放到炖盅或者碗里隔水慢炖一到一个半小时就好了。装梨的碗要够大够深,因为炖好的梨会流出很多甜汤。嫌麻烦的话您也可以把梨切成块跟冰糖、川贝一起放到碗里炖。川贝是苦的,吃的时候可以捞出来不吃,要吃的话就不要放整颗的,换成川贝粉。

除了冰糖炖雪梨之外,雪梨炖猪肺、炖排骨一样清润好吃。咱们还可以给老人家熬个雪梨粥。一个人吃的话,用 1/3 杯米,加水烧开,把一个梨削皮去核切成块,加点百合一起放进锅里小火熬半个小时左右,最后加点枸杞再煮十分钟就好了。每天晚上喝一碗,滋阴润肺、调养肠胃,是老人秋天最好的补品。

最后教大家一招:切开的梨放到冷水里,加点柠檬汁,梨就不会氧化变色,而且还有一股诱人的清香,吃起来更爽。

霜降时节吃柿子

进入霜降时节,在民间有句俗语说"一年补透透,不如补霜降",可以看出霜降时节滋补身体多么重要。说到食补,咱们都知道吃应季的食物对身体健康最有好处,那么眼下最应季的食物是什么呢?霜降正是柿子大量上市的季节,这个时候采摘的柿子个大、皮薄、汁甜,可以说达到"全盛状态"。"霜降吃柿子,不会流鼻涕",这个说法在很多地方的民间流传,认为吃柿子可以御寒、补筋骨。还有的地方认为：霜降要吃柿子，不然冬天嘴唇就容易开裂。

研究发现柿子营养价值很高，吃1个柿子，所摄取的维生素C就能满足一人一天需要量的一半。广西是产柿子的地方，在桂林恭城每年秋天都会举办月柿节，满城都是黄澄澄的柿子和油茶的香味。咱们国家栽培的大多数柿子属于涩柿类品种，市场上卖的一般都进行过脱涩处理，可以直接吃。但如果您是从果园里采摘下新鲜的柿子，就要学会自己动手去除涩味了。

将新鲜的柿子放在保温的容器里，加入40～50℃的温水，淹没柿子就可以，然后盖好盖子。一天换1～2次水，两天后就可以去涩了。还可以按10个柿子配4个苹果的比例，把苹果和柿子混放在缸中，封好口，存放5～6天也可以自然去涩。更简单的方法是把柿子放在米或谷糠里埋起来，大约4～5天就可以去掉涩味了。

柿子种类其实很多，其中又能分硬、软两大类，那么在挑选上有什么窍门呢？

如果想买了就吃，可以买软柿子，这种柿子在树上自然脱涩，皮薄、汁多、味甜，表皮呈现红色。选购时要注意整体的果肉都是同等柔软的，如果软硬不均就别选了。

硬的柿子没有软柿那么甜，但是口感爽脆，而且在通风阴凉的地方可以存放比较长时间。选购这类柿子时用手拿捏一下,手感硬实的才是最好的。

提醒大家,柿子偏寒性,脾胃虚寒的朋友不宜多吃。吃柿子最好是在饭后,空腹容易患上胃柿石症。这是因为柿子中的鞣质和胃酸作用,容易形成不溶于水、不能够被消化的结石。鞣质还容易和高蛋白作用,引起腹痛腹泻,所以,还要记住不要和虾蟹一起同吃。

寒冬腊月饮食养生

说到寒冬的饮食,自然以暖身为首要原则。蛋白质、脂肪和碳水化合物被称为高产热的营养素。所以,怕冷的人要适当增加主食和油脂的摄入,保证优质蛋白质的供应,羊肉、牛肉、鸽子、鹌鹑、海参这些食物都是优质蛋白质的来源,在体内转化为热量,可以帮助身体抵御寒冷。

怕冷还和缺少钙和铁有关,所以寒冬得多补充些富含钙铁的食物。含钙的食物不用多说,像牛奶、豆制品、海产品都是;含铁的食物则主要有动物血、蛋黄、黑木耳、红枣等。另外,冬天还有三样应季的东西,是特别平常又有效的养生佳品。第一位,冬瓜。天气寒冷容易导致血压升高、血液黏稠度增高,造成心脑血管疾病高发,而冬瓜可以帮助降低血糖、血压和胆固醇,对身体特别有好处。第二位，冬枣，它的营养价值很高，维生素C的含量尤其丰富，提高人体免疫力，保护肝脏，有效预防受凉感冒。这第三位，就是冬蔗了，甘蔗不但清热、补肺，而且铁元素含量特别高，补血润燥的效果很好，有"补血果"的美称。

其实保持愉快的心情也是寒冷天气里的有效增温剂，吃得恰当，还要畅达乐观，心态平和，才是寒冬里最好的养生之道。

正确喝豆浆

冬季早晨起床对有些人来说是件难事儿。有些朋友，起床晚了，又怕耽误上班，早餐就到路边随便买个包子，喝碗豆浆，应付了事。虽说早餐喝豆浆很有营养，但路边摊的豆浆大多装在塑料袋里，拿到手热乎乎，又方便又可口，但是，有的包装袋明确写着不宜直接加热，高温下会导致有毒物质挥发。

其实自己动手榨一杯豆浆并不麻烦，但有几点需要注意。

一是有些人喜欢买生豆浆回家煮，看到泡沫冒出来就以为煮熟了，其实这只是豆浆里的有机物质受热膨胀形成的气泡，而不是沸腾的表现。

二是不宜喝过量。大豆中蛋白质含量高达38%到

42%，豆浆中有大量的蛋白质，一次喝太多容易导致蛋白质消化不良，根据营养学家建议，每天喝 500 克豆浆就比较合适了，多喝无益。喝豆浆有很多好处，特别是女性每个月都有那么几天不舒服，这时搭配一些红枣百合喝最好。

三是冷天气里有些朋友把豆浆放到保温杯保存，随时打开喝一口都是暖暖的，香香的。但是，用保温杯装豆浆非但起不到保鲜效果，还会加速豆浆变质。这是因为豆浆中蛋白质含量较多，保温杯里的温度又比较高，给细菌大量繁殖提供了便利。豆浆放 3 到 4 个小时就会变质，所以最好还是现榨现喝为好。

热饮包装及其储存中的健康隐患

冬天里各大超市、便利店纷纷增设暖柜，但这些塑料瓶或铝罐饮料在暖柜里一天天被"烤着"，它们真的安全吗？

加热柜大多被放置在收银台附近，有的会显示有加热温度，一般在 37～45℃之间，但也有的加热柜外观上看不见具体加热温度。柜中饮料以咖啡、奶茶、甜茶类为主，大多是塑料瓶装。但并不是所有的饮料都适合加热后饮用，比如英式伯爵奶茶等，瓶身标签上都注明"本品不宜加热"。有些饮料虽然可以加热，但对加热温度有要求。塑料饮料瓶的材质大部分是PET（聚对苯二甲酸乙二醇脂），可以用作食品包装，加热温度低于70℃时，一般是安全的。而加热柜的温度普遍不超过50℃，一般不会对塑料瓶的稳定性产生影响。不过要注意，加热温度如果超过70℃，或是几天内反复加热，塑料瓶就可能会释出有害物质。而且饮料里大多含有食品添加剂，有些会随着温度升高发生反应；另外，温度升高会加速细菌繁殖，导致饮料保质期缩短。因此，在购买加热后的瓶装饮料时，要注意观察瓶身是否变形，还可以闻闻瓶身，如果有异常的气味，就不要购买了，因为这样的瓶身或者饮料很可能存在问题。

不同材质的饮料瓶加热后的安全指数是有区别的。

铝罐，安全指数：五颗星。暖柜的温度在安全范围内，即便是在暖柜里反复加热，也不会释放出有害物质。

利乐包装，安全指数：四颗星。利乐包装主要以奶制饮料为主，在适当的温度内，反复加热也不会释放出有害物质，但是牛奶的营养会随着反复加热而流失。

塑料瓶，安全指数：三颗星。购买暖柜里的塑料瓶饮料您要留意，瓶底都有一个带箭头的三角形，里面有一个数字。这些数字从1～7不等，分别有不同的含义，一般瓶装饮品的都为1字瓶，即PET（聚对苯二甲酸乙二醇脂），耐热可至70℃，但长时间处于50℃左右的环境下或反复加热，可能释放出致癌物。

冬季里的热饮暖手暖胃更暖心，不过，以后要多关注包装的问题了。

气象与家居

选房的气象学问

为了避免"西晒",广西的住宅选择朝东南向最佳,接下来依次是东北、西南和西北朝向。其次,主要房间应有良好的直接采光,一套住宅最好占据住宅楼的两个朝向。第三要考虑盛行风向,比如说,一个地方最常刮的是偏东风,那么东西朝向开有门窗才能有穿堂风。厨房和卫生间最好处在下风方,排出的油烟和废气才不会往卧室里吹。

9~11楼层空气最差吗

有一种"扬尘层"的说法:9~11楼层属于扬尘层,是所有楼层中空气最差的,因为空气中的尘土上扬到30米左右,也就是9~11层的时候,就"固定"在那不动了,是尘埃、颗粒物聚集最多的区域。这个说法是不是正确的呢?

事实上,"扬尘层"没有科学依据,距离地面200~300米以内的大气层称作混合层,在这个混合层里,

$PM_{2.5}$的浓度基本是保持稳定的,尘埃不会轻易地沉到地面,室外的空气质量也不会因为高度而发生变化。也就是说,不管你住在1层,还是30层,空气质量都是差不多的。

尽管空气质量的好坏与楼房的高度无关,但是与楼房所在的区域是有关的。每个城市、每个片区、甚至每条街道都有自己的"微气候",这微气候也是影响着每个地区的空气。简单点说,如果一个区域处在迎风口、位于公园绿地旁,那么这里的空气就会好一些,如果一个区域经常风吹不到、旁边工地比较多,那么空气质量自然就会差了。

那我们在买房的时候,该怎么挑选楼层呢?不同的楼层都有不同的利与弊,1～3层的好处是发生地震、火灾等事故时,相对较为安全。弊端则是可能会比较吵,也会比较潮湿,容易受到蚊虫的侵扰。4～6层是大树可以到达的高度,又远离潮湿的底层,弊端是对于没有电梯的老式楼房,老年人会很不方便。而对于高层住宅楼来说,7～8楼最安静,并且也不至于达到让人恐高的程度,弊端是对于有心脑血管疾病的人不太适宜。9楼以上是最明亮的楼层,因为大树高度达不到,所以视野也是最好的,不好的地方在于,水压可能会比较小,有时会出现停水的现象。因此大家在买房的时候,最好是了解清楚楼盘的供水系统。

"回南天"室内防潮

为什么一到"回南天"房子里就会湿漉漉的呢？这主要是因为前期冷气团控制，天气比较冷。暖湿气流"反扑"回来以后，室外气温迅速回升，而室内的气温回升不及室外快，导致屋子里温度比外面要低。如果暖湿的水汽跑进室内，就会遇冷凝结在墙壁、镜子、地板等这些冷的介质上。总结成一句话就是，"回南天"严重的时候我们要先关好门窗，防止屋外暖湿的水汽过快进来。

那什么时候可以开窗通风呢？"回南天"的中午是户外气温最高的时候，室内外温差最大。这个时候通风，反而会导致水汽凝结的现象更加严重。正确的方式是，开空调增加室内温度、减小室内外温差。开窗通风最好选择在傍晚，或者等到转吹北风的时候。不妨留意一下相关的天气网站，查询当地天气实况。如果风向转为偏北风，说明暖湿的南风被干燥的北风"赶出地盘"了，就可以放心地开窗通风了。还可以借助其他的方式来降低室内湿度，比如抽湿机、挂些干燥剂等。

潮湿天巧拖地

如果想在潮湿的天气里拖地，怎么能让地板不潮湿呢？首先是水的选择，把平常我们习惯用冷水换成热水试试。或用热水器和其他方法把水加热，水温大概在40℃左右，也就是和我们洗澡水的温度差不多。然后再往热水里加入一勺盐，稍稍搅拌，等到盐充分溶解以后，就可以放心拖地板。

用热盐水拖过的地板，干得快，还能帮助除菌，不会像冷水拖地那样湿漉漉的。这是因为液体的挥发速度和温度有关，水温越高，水的挥发速度也越快。再加上有食盐做帮手，含有氯化镁和氯化钙，具有很强的吸水功能。食盐在地板上干燥之后，还会变成小颗粒，有效延长地面干燥的时间。

春季家具防潮

1. 皮质家具一旦回潮，会发生遇冷变硬，在一些较不通风的表面还会出现霉点，受潮后甚至容易导致变形或有色皮面褪色。

防潮妙招：用软干布擦去皮革表面的湿气，抹上保养专用的绵羊油、皮革油等，这样不仅可以软化皮质，也可以防潮防霉；另外，还可以在皮质内适当放一些干燥剂来吸收水汽，保持沙发内部的干燥。

2. 布艺家具一旦受潮，容易沾灰和沾毛，看上去显得格外脏。

防潮妙招：布艺家具的防潮要用专门的吸尘器吸干净沙发表面的灰尘，或者在沙发上铺上吸水性能好的沙发巾。经常对布艺沙发进行清洗、晾晒也是一个不错的防潮方法。

3. 实木家具出厂前都会经过严格的干燥处理程序，但这并不意味着可以不进行防潮。如果环境太过潮湿，实木家具也会受潮，严重的还会出现变形、饰面脱落、腐烂发霉等现象。

防潮妙招：如果实木家具有返潮的倾向，可以把保护蜡或专门的清洁剂均匀地涂在家具表面，然后轻轻擦拭，实木家具表面形成了一层保护膜，可以保持家具光泽，还能起到防潮的作用，清洁起来也更方便。

一到潮湿的天气，除了加强家具的防潮措施之外，在湿气比较重的时间内尽量不要打开门窗，需要通风的话就选择温度最高的中下午时段进行，以免室外的湿气大量进入室内，而造成室内家具的进一步受潮。

春季家电防潮

潮湿的环境，容易使家电内部元件受潮而影响绝缘性能，使电器因为返潮而"罢工"，甚至导致短路而频繁跳闸、引起火灾。因此回南天里要及时做好家电的防潮措施。

(1) 电视机防潮。摆放位置很重要,机身不要紧靠墙壁,大概预留 10 厘米左右通气。在潮湿的情况下,注意避免水汽的接近,不要在附近摆放鱼缸、花瓶等,并且最好每天开机一次,让机身产生的热量达到除湿目的。

(2) 电脑防潮。无论是台式电脑或是笔记本电脑,都喜欢通风、干燥的室内环境。所以,有条件的话最好安装空调,以保持正常的湿度,并且每天都要让电脑通电一段时间。不使用电脑时,可以使用防尘防灰的专用电脑罩把电脑套上。潮湿是笔记本电脑的头号杀手,所以,如果在空气潮湿和雨季里携带笔记本电脑外出,要使用便携包来携带。

(3) 洗衣机防潮。许多人可能会认为洗衣机是与水接触来进行工作的,应该不存在防潮的问题。其实,现在的洗衣机大多采用集成电路来控制洗衣过程,一些高端的型号还设有感应装置,在潮湿的环境下工作同样会发生故障。所以洗衣机位置可以垫高一些,最好不要放在浴室里,如果洗衣机出现故障,一是要请专业维修人员进行维修;二是暂停使用,等潮湿天气过去了再使用。

(4) 空调防潮。回南天里我们有时需要开空调来去湿,但与此同时,也不要忘了空调本身也需要保养和防潮。开空调前要确定遥控器的电池是否已经受潮。另外停用了一个冬季，春季应该不定期地开空调，每次约1个小时。

（5）数码相机和数码摄像机就不要长期放在皮套里，最好是放在干燥箱内用硅胶防潮。

气温多高人体感觉最舒适

人体对温度的变化非常敏感，甚至能够非常精确地分辨出1~2℃的温度变化。什么样的气温才会让人体觉得最舒适呢？

根据环境卫生学理论，在气温为24℃，相对湿度为70%，风速为2米/秒的时候，人体会感觉舒适，因为这个时候人体获得的热量与散发出来的热量是相对持平的。

200多万年前，人类刚刚出现在非洲大陆的时候，那里白天的平均气温都不会超过25℃，在那样的环境条件下，人类正常活动的散热率和产热率在体温为37℃的时候，是相对持平的。所以，人类的祖先把37℃选作了标准体温。由此也决定了人在20℃左右的气温条件下是最舒适的状态。

专家研究发现，"世界长寿之乡"的河池巴马县的年平均气温就是在20℃左右，这里的老人之所以这么长寿，可以说是人和自然和谐相处的结果。

容易遭受雷击的三种家电

第一种是空调。空调由室外机和室内机组成，雷电很容易由室外机导入室内机，从而引发短路、着火。在安装空调时，要尽量避开窗帘，或者是采用阻燃型织物的窗帘。

第二种是电视机。由于电视机外接线路比较多，跟其他家电相比，更容易受到雷电影响。看电视遇到打雷时，首先要做的是关掉电视，拔掉电源。如果在户外架设了天线，一定要把它摆在远离供电线路的位置。

第三种是太阳能热水器。像空调外机一样，装在室外的太阳能热水器也很可能引雷电入室。所以在安装太阳能热水器时，要把防雷装置，比如避雷针、引下线、接地装置等也安装好，雷雨天里就先不要洗澡了，以免雷电波通过水流对我们的身体造成伤害。

暑期儿童居家安全

暑假是孩子们最开心的时间，但也是儿童安全问题的高发期。经常会看到孩子单独在家发生意外的报道，比如手指被风扇叶卡住了，玩插座触电了，玩打火机引发火灾等。特别是夏季天气炎热，电器长时间超负荷运转，容易出现电线老化、短路的情况，安全隐患就更大了。

平时要定期检查家里的电器或线路是不是存在故障，做好维护。打火机、水果刀这些东西放到小朋友拿不到的地方。最重要的一点，把用火、用电、用气的安全知识灌输给孩子，不要因为好奇去动电线和插头。遇到打雷闪电，第一时间把电器开关关掉，然后等大人回来再拔插头。

高温天居家防暑妙招

高温天气里，很多人一回家喜欢马上关门关窗开空调。其实想要房间凉得快，可以打开空调的吹风功能，如果房间比较大，还可以开风扇帮助冷气传送到各个角落，让温度更快地降下来。空调温度最好设定在26～28℃比较合适，这样可避免室内外温差过大导致生病。

如果没有空调怎么办呢？大家知道，房子里的热量来自屋外，只要不让屋外的热量进来，房间就没有外头那么热了。夏天早晚相对凉爽，可以打开门窗，让空气流通，白天出门上班前把门窗关好，如果中午回家休息，可以只开一条小缝，尽量隔绝室外的滚滚热浪。除了关窗，最好还在向阳的窗户挂上浅色的窗帘，太阳晒进家里时就把窗帘放下来挡光。如果是西晒的房间，还可以加挂一层遮光帘。

没空调的房间想迅速降温，还可以用湿拖布拖拖地板，然后打开风扇，一来把水吹干，通过水汽蒸发带走地面的热量，二来可以加快空气流动，带来凉风。晚上睡觉前，可以用水擦擦凉席。

另外，夏天里还应当把房子收拾整齐，整理出宽松的空间，这样既方便空气流通，也避免了心烦气躁。

收纳凉席有讲究

秋风渐起，家里的凉席也到了要收起来的时候了。凉席经过一个夏天的使用，积累了不少汗渍、细菌和潮气，所以收纳前一定要进行恰当的清洁和晾晒。如果处理不当，很容易发潮、发霉，影响第二年使用。不过凉席有很多材质，所以保养也要因"席"而异。

草席柔软吸汗，睡上去不凉，最适合婴幼儿和老人，但是有经验的家庭主妇都知道，草席容易生虫，所以在收纳前一定要做足清洁的功课，用湿毛巾把正反面都擦干净，晾干以后用干燥的纸包好，再装进收纳柜，不能让它受潮。如果在收纳前能用白醋擦一遍再晾干，对除菌会有很好的帮助。轻便的亚麻席可以水洗，但建议别用洗衣机，更不能脱水，自然晾干才能延长使用寿命。牛皮席是凉席中的"贵族",比较娇气,最害怕水洗、日晒和硬物划伤。收纳前需要用淡盐水擦掉表面的汗渍,再换温水多清洁几遍,保持水分,防止干裂。为了保护皮质,还可以用专业的护理剂,保持它的湿度和光泽。竹席特别凉快,但它有一个致命弱点,就是害怕曝晒,一旦曝晒会变得很脆。所以清洁竹席以后记住要在通风的地方阴干。在清洁好的竹席上撒些痱子粉再密封保存,可以保持表面爽滑,第二年拿出来都是干爽爽香喷喷的。

秋高气爽 晒被除螨

有句话说"百日不晒被,百万螨虫陪你睡"。螨虫无处不在,特别是经历了一个湿热的夏天之后,虫体繁殖迅速,代谢物堆积,真的是要好好清理清理了。

我们的肉眼是看不见螨虫的。它们的个体非常非常小,喜欢躲在潮湿、温暖和黑暗的地方,地毯、布艺沙发、床品都是螨虫大量滋生的场所,春夏季节是它们最活跃最猖狂的时期,繁殖力非常强,据说一只螨虫一天的排泄物体积是它自身的两倍。所以螨虫对我们的危害可不止长长小疹子、长一两颗痘痘那么简单,严重的还会引发过敏性鼻炎、肺炎和哮喘。

太阳光是最好的杀螨剂,所以定期清洗晾晒是很有效的方法。但是沙发、床垫什么的总是不好搬来搬去，还有什么好的方法吗？当然有，法宝就是——电熨斗。螨虫害怕高温，一般在55℃的热水中只要5分钟就会被杀死，所以用熨斗除螨方便快捷。如果在蒸气熨斗的水箱中加入专用的消毒溶液，除菌效果会加倍。把熨斗机的喷头贴近需要清洁的家居用品，用蒸汽来回进行高温熨烫就可以了。对于凉席、床垫这样的物品，也可以用普通的电熨斗，隔着湿毛巾来回熨烫。

其实螨虫同样害怕低温，像小朋友的毛绒玩具，放到冰箱里冻上一天半天，螨虫也会灭亡，当然，前提是你家的冰箱要够大。一些聪明的朋友还想到用大塑料袋套住被子，拿到阳光下曝晒，利用袋内的高温杀死螨虫，这方法也是值得一试的。

快速干衣法

冬春时节，就怕"老天爷总是阴沉着脸"，阳台上的衣服总是晾不干，小孩子们的衣服总是不够换，有什么办法能让衣服迅速地干透呢？

要想衣服干得快，就得迅速地把水气赶跑。吸水、通风和加热都能帮我们赶跑水气。首先来说如何吸水。对于能直接丢进洗衣机去洗的衣物来说，脱水是比较容易的，而对一些面料比较讲究的衣服我们只能手洗，在拧干之后把衣物打开，裹上一块干燥的毛巾然后卷起来，再用力拧到滴不出水，让干燥的毛巾充分吸收衣物里的水分，再把衣服挂在洗手间，打开抽风机抽湿气，最后拿去阳台晾，衣物就会干得更快。

晾衣服的时候，衣物和衣物之间要保持一定距离，同时把衣物尽量地撑开，有人会问，怎么样才能做到这一点呢？其实很简单，只要利用一下身边的工具就能完成，比如说"十字晾衣架"——用两个普通的衣架交叉放就行了；再就是平行晾衣架——两个衣架中间夹个矿泉水瓶，不过一定要小心"钩丝"。还有一种利器称作弯头晾衣架——这是衣架两头弯成直角做成的。

另外，在晒衣服的时候把口袋翻出来，同时多用些夹子把连衣帽、裤腰、裤腿、裙摆这些容易凑在一块的地方展开，也是不错的做法。

如果家里的空调有加热除湿功能，把衣物挂在屋里比较好。天冷的时候，电暖器旁边放些衣物可以一举多得。内衣之类的小衣物可以用电吹风吹干。大衣物身上比较难干的地方也可以用电吹风吹一下，或者用熨斗熨一下。不过这种强攻的办法容易让衣服产生异味，所以还是建议大家尽可能地让衣服自然晾干。

纯棉的衣物干得慢，所以在阴沉潮湿的天气里，速干面料的衣物是个不错的选择。像雪纺、锦纶、涤纶等材质的衣物，从洗衣机里拿出来基本上就半干了。体育用品店和户外运动店有快干的运动服、冲锋衣,喜欢打扮得具有运动元素、充满活力的朋友不妨考虑一下。

巧用加湿器

冬季使用加湿器保持室内空气的湿润是一件再平常不过的事情,但是如果使用不当,很有可能成为疾病传播的工具。

冬季人体最适宜的空气相对湿度是 40%～60%,一旦空气湿度过高,我们就会感到胸闷、呼吸困难。近年来出现了一个新病,名叫"加湿器肺炎"。加湿器开启时,空气中的水分会增多,在足够的湿度下,一些室内的霉菌、细菌等都会有所萌动甚至繁殖,侵袭人体。使用加湿器的家庭最好配备带有干湿球的温度计,随时监测室内湿度。

患有关节炎、糖尿病的老人要慎重使用加湿器。因为潮湿的空气会加重这类病情。老人、小朋友和患有慢性肺部疾病的朋友也要注意控制湿度,过度加湿会诱发或加重哮喘、支气管炎等。大家还是应该主动走到户外,多多运动才能真正提高免疫力!

加湿器应该每天换水,一周清洗一次。自来水含有多种矿物质,会对加湿器的蒸发器造成损害,氯原子和微生物也有可能随水雾吹入空气造成污染。建议大家用凉白开或者纯净水加湿，有条件的朋友可以把纯净水烧开，晾凉后加入水箱，效果最佳。

尽管适度使用加湿器可以赶走冬日的干燥，但对于防治呼吸系统疾病来说，通风换气依然是无可替代的。如果空气始终处于不流通状态，就给病菌创造良好的生存条件。即使使用了各种电器，使温度、湿度都达到人体需要的标准，也会对健康造成非常不利的影响。每天早晚各通风一次，每次通风10分钟就可以了。

加湿器还有其他妙用：往里边加几滴醋，能起到杀菌的作用；滴入薰衣草精油，可以提高睡眠质量；加入淡盐水，又能舒缓喉咙痛和慢性咽炎；放在电脑旁边，还可以清除静电，真是用处多多！

取暖设备的安全隐患

冬天我们的取暖设施有很多，比如浴室里的浴霸、贴身的暖宝宝、电暖气等。这些设备能给我们送来温暖，但也存在一些安全隐患。

一、浴霸极易伤眼。浴霸是眼睛的杀手，它产生的红外线对角膜的透过率较高，能够直接造成眼底视网膜烧伤。因此我们可千万不要直视浴霸的灯泡，特别是在给婴幼儿洗澡的时候，小朋友经常会由于好奇一直盯着浴霸，建议家长们要不断地和小宝宝说话，或者放些小玩具在澡盆里，分散注意力。另外，虽然说浴霸的产品说明书上注明了有防溅水的功能，但是它的内胆、灯丝，还有后方的那些配件可都是不防水的，如果调皮的孩子用水去淋它，浴霸会烧坏，甚至发生漏电。

二、暖宝宝是"宝"也是"魔"。很多女士在冬天喜欢用"暖宝宝"取暖，小小这么一贴，就可以持续发热十多个小时。但是暖宝宝的成分有铁粉、碳粉、蛭石以及一些吸附性的树脂成分，而当铁粉通过吸氧，并在吸氧过程中与其他成分腐蚀散发热量提高温度时，温度最高时可达到65℃以上，这个温度如果和皮肤长时间接触，容易引起低温烫伤。

低温烫伤和高温烫伤不同，其痛感并不明显，但可以造成皮肤红斑甚至是水泡，因此老人和孕妇最好不要使用暖宝宝，尤其是孕妇，千万不能把暖宝宝贴在子宫的位置，严重的可导致胎儿畸形、早产。

正确使用暖宝宝：贴在内衣的外侧，不与皮肤直接接触，避免低温烫伤；贴的部位要更换，不要一个部位一贴就是一天；睡觉时要把暖宝宝取下来，因为人体在睡眠时感知能力下降，暖宝宝产生的热量不能散发出去，更容易被烫伤。

三、南方的冬天，少不了使用电暖器取暖。为了安全，电暖气要远离易燃烧的物品、远离电源插座以及水，防止漏电和其他安全隐患。

安全使用电热毯

说起电热毯，这可是我们南方冬季御寒保暖的宝贝，它物美价廉，方便省电，没有噪声，既能带来暖意，还可以去除被褥潮气，让我们能暖暖地入睡。不过电热毯如果用得不适当的话，上火还是小事，严重的还可能引发火灾甚至人身伤害。

电热毯的电热丝短路故障是引发火灾的罪魁祸首，所以使用电热毯是要保持平整，不要有皱褶，更不能折叠使用，以免电热丝受损和散热不畅。冬天天气寒冷，电热丝的弹性和韧性降低，需要把电热毯折叠存放或者叠好的电热毯拿出来打开用得的时候，可以先预热一会，等电热丝有点温度软和一些了再折叠或者打开。

使用的时候不要直接睡在电热毯上，应当在电热毯上面铺一个床单或者毛毯，一来不会因为热量太集中而伤身，二来也能给电热丝加一层保护，免得被我们的身体碾压揉搓造成损坏。

长时间睡在通电的电热毯上，被窝内温度持续过高，皮肤血管会扩张，血液循环加快，呼吸变深变快，影响睡眠，还可能加重心脑血管疾病和出血性疾病；通电的电热毯还会产生一定强度的电磁辐射，对人体健康有不利影响。比较好的做法是睡前给电热毯通电加热，时间不超过20～30分钟，让被窝里的温度达到25～35℃就关掉电源，这时就可以钻进暖暖的被窝舒舒服服放心安睡了。

睡前记得在床头放上一杯水，因为使用电热毯容易造成身体水分流失，夜里容易口渴，另外，睡前在身上涂擦润肤乳保湿霜也是很有必要的。

根据国家规定，不管什么牌子的电热毯，使用寿命都只有6年。6年后，电热毯就会开始老化、开裂，绝缘性能和耐压程度会大大下降，用起来就容易出事。如果您家里电热毯已经有6年"工龄"，就该让它及时"退休"了。

寒冬腊月如何防火

每到冬季，生产生活用火、用电量大增，火灾危险性加大。据统计，冬季发生的火灾数占全年火灾总数的40%，其中以居民火灾居多，加上冬季天干物燥，是火灾发生比较频繁的季节。冬季防火，要注意下列几点：

第一，要注意取暖电器的安全使用。电暖器、电热毯是冬季取暖不可多得的好伙伴。但由于有些产品质量不过关，如果使用不当或是长时间使用，就容易发生火灾。所以购买电器时一定要选择质量有保证的产品；使用前要认真阅读产品说明书，正确使用；离开前要关闭电器，防止长时间使用电器过热引燃周围物品。

第二，是注意生活用火的使用。冬天很多人喜欢煲汤滋补，由于煲汤所需时间较长，在无人看管的情况下火一旦熄灭，就会导致大量可燃气体扩散，非常容易引发火灾或是中毒；冬季低温天气往往使得罐装液化气温度降低，很难点火，为了提高罐体温度，有人会往罐体浇热水，这种危险动作是很容易导致液化气罐爆炸引发火灾的，千万不能这样做！

第三，要注意残余炭火的处理。有些住在老城区的居民会使用蜂窝煤和煤炉做饭、取暖，用完以后随意将煤渣倒在室外，这种行为也是非常危险的！用完后的煤渣要及时处理，掩埋或浇水以确保没有余火。

第四，要特别注意冬天里孩子们的活动。小孩儿喜欢模仿大人的行为，比如做"烧饭"游戏，在床下或其他黑暗角落划火柴，模仿大人吸烟，玩弄火柴、打火机及开关液化气炉具等。要对孩子加强管教，使他们认识到玩火的危险性，要把火柴、打火机等放在孩子够不到的地方。尤其是对孩子模仿大人吸烟的行为要制止，有吸烟习惯的家长，在孩子面前要少抽或不抽，给孩子树立好榜样！

取暖的误区

生活中的取暖方式很多,但也有很多方法是不对的。

误区1:戴口罩挡寒气。我们呼出的空气在口罩上遇冷就变成水,不仅不能保暖,反而会让面部感觉更冷,而潮湿的环境又容易滋生病菌,还不利于口鼻的健康。如果长时间戴着口罩,鼻腔和呼吸道无法接触冷空气,得不到锻炼,免疫力会慢慢下降,反而更容易感冒。

误区2:用热水洗脸更温暖。由于面部的毛细血管在冷空气中是处在收缩状态的,遇到热水后会迅速的扩张,等到热量散发后,又会恢复到低温收缩的状态下。皮肤经过了一张一缩的刺激,就会变得干燥,容易产生皱纹。所以最好是用冷水洗脸,如果实在怕冷,那就换成只有一点点温热的温水吧。

误区3:紧闭门窗感冒少。这个误区很容易理解,门窗紧闭家里的空气得不到流通,那么空气中的细菌、病毒还有灰尘无法排出去,更容易感冒了。

误区4:喝酒御寒。喝点酒的确会让人体有发热的感觉,但是这只是短暂的,酒劲过后,由于大量的热量散出,容易浑身起鸡皮疙瘩,导致酒后寒冷。如果是刚喝过酒就出门,寒风一吹,不仅不会暖和,反而增加了感冒的概率。

误区5："鞋子厚穿,衣服薄穿"。俗话说,寒从脚下起。多注意脚部保暖,但并不意味着只需要脚部保暖。脚暖了身体其他部位就能暖和起来。如果衣服穿少了,心脏、肠胃也会跟着一起着凉,尤其是处在经期的女士,更要注意。

误区6:蒙头睡觉比较暖和。冬天刚上床冷冰冰的,有人习惯把头蒙在被子里入睡,但被窝里的氧气是有限的,而且随着人的呼吸,氧气越来越少,二氧化碳和不洁气体越来越多,所以,蒙头大睡第二天醒来之后,常常会感到昏昏沉沉、全身疲乏无力。如果怕冷,可以在上床之前泡个热水脚,或是喝杯热牛奶,帮助血液更好地循环,身体也就不那么冷了。

冷天谨防一氧化碳中毒

冬季天气转阴转雨,湿度增大时,有的居民为了防止家里受潮紧闭门窗,空气不流通之后,燃气设备产生的一氧化碳不断的积累,很容易导致一氧化碳中毒。

家里使用的煤气罐、煤气管道,还有炭火、煤球,都会产生一氧化碳。像燃气热水器,如果安装在浴室这种密闭的空间里,长时间燃烧就会导致氧气不足,在这种情况下,煤气又会燃烧不充分,这时就不断有大量的一氧化碳囤积,发生一氧化碳中毒事故的概率就会大大增加。

如果家里用的是煤球、炭火取暖，一定别忘了打开窗户和排气扇。实在太冷，至少也得开一条缝隙，千万不能存在侥幸的心理。如果要烧烤,最好把炉子搬到户外。

还有一种情况也会引起一氧化碳中毒，就是把汽车停在车库里，并且开着空调睡觉，这种情况是很多朋友都忽略的。因为当发动机低速空转时，汽油燃烧并不充分，往往会产生大量一氧化碳；而车库是一个通风很不良好的空间，一氧化碳排不出去，此时在车上睡觉，等于不断的吸入一氧化碳。

如果发现了一氧化碳中毒的患者，需要按以下 2 步进行救助。第一步，也是最重要的，要让患者离开中毒的环境，转移到空气流通的地方，或者将家里的门窗打开，让患者吸入新鲜空气。第二步是看症状，如果患者还有意识、症状比较轻的，让他好好休息、喝点热的浓茶；如果是昏迷不醒的严重中毒者，应马上通知 120 急救中心，同时做人工呼吸和心脏按压以抢救。

一氧化碳无色无味，因此很难被发现，等到我们意识到自己中毒的时候，可能已经没有了自救的能力，因此要特别注意！

气象与旅游

南国绿都——南宁

广西首府南宁，拥有"中国绿城"美誉、中国—东盟博览会的永久举办地，也是我国热量最足、雨量最多的省会城市之一。

南宁地处北回归线以南，一年四季气候温暖，阳光充足，年平均气温达 21.6℃，年日照时数 1827 小时，从南海上吹来的暖湿气流使这里水汽充足、雨量丰沛，年平均降雨量多达 1319 毫米。即使是在冬天，南宁也很少受到强冷空气的影响，冬天的气温不会降得太低，最冷的 1 月平均气温也有 12.7℃，年平均霜日只有 5 天；最热的 7 月平均气温为 28.4℃。

温暖多雨的气候条件非常适宜热带、亚热带树木和经济作物的生长，这里"草经冬而不枯，花非春仍常放"，一年四季绿树葱茏、繁花似锦、瓜果飘香。各大公园有数不尽的热带、亚热带奇花异草，青秀山、良凤江国家森林公园等风景区更是树木苍翠、绿草如茵，组成了南宁的"绿肺"。这里有滚滚东去的邕江，有能与桂林芦笛岩相媲美的伊岭岩溶洞奇观，有冬暖夏凉的灵水；您可以在自然风貌保持良好的龙虎山与野生猴来一番"亲密接触"，还可以在夏季登上素称"广西庐山"的大明山避暑，领略秀丽的南疆北国风光。

以壮族为主，多民族聚居的南宁，民族文化缤纷灿烂，民俗活动多姿多彩。每年一届的南宁国际民歌艺术节吸引世界各国众多的艺术家、表演团体和商贾名流参加，壮乡人民以歌会友、以歌传情。

走在南宁的街头，还可以看到适宜多雨气候的"骑楼式"传统建筑，品尝到酸辣可口、能治感冒的"老友粉"，以及酸爽开胃的各式饮料，解渴、提神、除湿气……

得天独厚的气候条件成就了南宁这幸运的宠儿，巧手为她织出"半城绿树半城楼"的美丽壮锦。不仅先后获得首届中国人居奖和"中国优秀旅游城市""全国前十宜居城市"等称号，更于2007年获得全球人居领域最高荣誉——"联合国人居奖"。

山水画境——桂林

甲天下的桂林山水"山青、水秀、洞奇、石美"的特质早已为人们所熟知，这是大自然在以百万年计的岁月里精工细雕出来的。桂林山水是占广西40%面积的喀斯特地貌的缩影，"江作青罗带，山如碧玉簪"就是它的速写。

桂林冬无严寒、夏无酷暑，年平均气温 18.8℃，年平均雨量 1853 毫米，无霜期在 320 天以上。春季是桂林全年雨日最多的季节（3—5 月雨日多达 58 天，占这三个月日数的 63%），弱冷空气和海上来的暖湿气流使这里湿润多雨。蒙蒙烟雨中，多少文人骚客吟咏过的水墨丹青亦真亦幻地展现在眼前。山间江畔娇艳的杜鹃花、婀娜的凤尾竹以及声声穿云破雾而来的鸟鸣，是那么宜人。你会在这多情的烟雨中溶化，不愿离开。夏季（6—8 月）在暖湿气流旺盛的对流过程中容易产生阵雨，这时的桂林山水，一会儿碧空如洗，青山叠翠；一会儿骤雨初歇，云蒸霞蔚，变化莫测。桂林最热的 7 月平均气温只有 28.2℃，曾得到古人"五岭皆炎热、宜人独桂林"的盛赞。秋季（9—11 月），副热带高压常带来晴朗干爽的日子，波平如镜的江面上，你可以领略到"船在青山顶上行"的意境。冬季（12 月—次年 2 月）受北方冷空气影响，天气变得比较干冷，因桂林位于湘桂走廊，冷锋过境时会刮东北风，大风日数 5.4 天，最大风速 19 米/秒，出现在 2 月。桂林有着南国少有的下雪天，年平均降雪日数为 5 天。

从市区往北走，就是漓江、资江、浔江的三江源头、华南第一高峰——猫儿山，在这里可以观云海、赏瀑布，还有铁杉、娃娃鱼等珍稀动植物。您还可以在丹山碧水间玩一回有惊无险的资江"漂流";去看看秦始皇建的连通长江与珠江水系的伟大工程——灵渠,龙胜的龙脊梯田也是不错的选择。

如果按气候学上"候平均气温在22℃以上"为夏季的标准,桂林的夏季长达5个月,雨量丰沛,且雨热同季,使光热水资源在农业生产中得到了充分利用。加之独特的地形、地貌形成了多样性的小气候,造就了众多的特色物产:如有桂林"三宝"之称的马蹄、豆腐乳、三花酒;在古代作为贡品的荔浦芋头、润肺止咳的罗汉果、个大味甜的沙田柚等。在桂林市区的正阳步行街可以集中品尝好吃的桂林米粉及油茶等各种风味小吃。

北部湾畔的明珠——北海

北海位于北回归线以南沿海,在南亚热带海风吹拂下显得婀娜多姿。这里的阳光热情十足,年平均日照时数2009个小时,年平均太阳总辐射每平方厘米为111千卡,年平均气温22.6℃,夏季(6—9月)平均气温维持在27.0~28.7℃,由于有海洋的调节作用,比起内陆来说,最高气温还不算太高,为37.1℃,从5月(平均气温26.9℃)到10月(平均气温24.3℃)都可以下海游泳。从12月到次年2月算是北海的冷季了,平均气温14.3～16.5℃，最低2℃，如果以气候学上"候平均气温低于10℃为冬季"的标准来衡量的话，可以说这里根本看不到冬天的影子。与海洋为邻的另一个好处是水汽充足、雨量丰沛，北海年平均降雨量1640毫米，年平均相对湿度高达81%。

北海位于南北西三面环海的半岛上，地势北高南低，东北、西北是丘陵，南部沿海是台地和平原。平均海拔10～15米。市区最高点120米的冠头岭，是观潮听涛的好地方。在北部湾温柔的怀抱中，北海的风浪比外海要小得多，6级以上的大风日数年平均只有12天左右，最多25天，受强热带风暴或台风袭击，10级以上大风，平均每10年有6次，最大风速为38.1米/秒。

广西人常以"北有桂林山水，南有北海银滩"而自豪。北海银滩绵延24千米，总面积38平方千米，可以同时容纳10万人畅游，被誉为"中国第一滩"。银滩所具有的"滩长、沙白、水净、浪软、无鲨鱼、无污染"的特点，以及每年长达9个月的适宜游泳期使它成为11个国家级旅游度假区及全国35个王牌旅游景点中的"最美休憩地"之一。

北海的空气质量在全国各城市中常年位居优级领先地位，空气中负离子含量是内地城市的50～100倍。

北部湾名列"世界四大渔场"之一，紧靠北部湾的北海自然"近水楼台先得月"，在滨海的外沙桥沙滩上，数十家大排档一字排开，堪称中国少见的海鲜城，品尝着肥美生猛的海鲜加上涛声助兴，个中情趣，妙不可言。

2000多年来，北海一直是举世闻名的南珠出产地。由于沿海风浪小，水质优良，水温常年保持在15～30℃，非常适宜于珠贝的生长和培育。南珠细腻凝重、晶莹圆润，堪称珍珠中的极品，还具有较高的药用价值。

北海好玩的地方还有很多，比如星岛湖就很值得一游。在波平如镜的湖面上，星罗棋布地点缀着1026个小岛，所以得名"千岛湖"。这里群山环抱、山碧水秀，水径纵横幽深，电视连续剧《水浒传》中的水泊梁山就是在这里拍摄的。另外，还有我国最大的火山岛涠洲岛、世界第二大红树林自然保护区以及被誉为北部湾水产资源辞典的北海水族馆，等等。

旅游提示：

（1）夏秋季节，户外活动最好涂擦 SPF ≥ 30 的防晒霜。12—15时，海滩上阳光强烈，尽量避免暴晒。

（2）夏秋季节偶有强风暴雨，请留意天气预报。

（3）以下情况下请不要下海游泳：风力 ≥ 5 级，浪高 ≥ 1 米，能见度 ≤ 150 米。

水上门户——梧州

梧州是广西历史最悠久的城市,自古以来是广西的水上门户,一条西江使它成为桂、黔、滇等地沟通广东、港澳地区和海外的商埠码头。

梧州既是一座"山城",又是一座"江城"。浔江和桂江在此相汇,合流为西江,滔滔东去,"城枕三江险"成为梧州的生动写照。在春季里登上扼守在桂江尽头的白鹤山,但见北面南流的桂江清秀碧绿,如一条翠绿的腰带穿城而过,而浊浪翻滚的浔江则如横卧在西南面的一条巨龙,两江交汇处,江水一边清绿,一边浊黄,清浊分明,久久不能混合,梧州人把它称作"鸳鸯江","鸳江春泛"成为梧州著名的奇观。

梧州地处北回归线上,属亚热带季风气候区,夏长冬短,气候温和,雨量充沛。年平均气温21.0℃,最冷的1月平均气温11.9℃,极端最低气温-3.0℃;最热的7月平均气温28.7℃,极端最高气温39.5℃。春季(2—4月)月平均气温从13℃逐渐上升到21℃,夏季(5—9月)平均气温25~29℃,秋季(10—11月)月平均气温又逐渐从27℃回落到18℃,冬季(12月—次年1月)各月气温变化不大,为14~12℃。年平均雨量1504毫米,雨季集中在4—9月,5月雨量最大,为252毫米。无霜期350天。年平均大风日数为10天,最大风速29米/秒。春季、初夏和秋季为最佳的旅游季节。

6—8月,在西江上游,如果有长时间大范围暴雨出现,有时会引发梧州的洪水灾害,不过,在河西现在已经构筑了高高的防洪堤,可以抵御大、中程度的洪水侵袭。

梧州气候温暖湿润,雨量充沛,光热条件适宜,是广西主要的粮食生产基地,也适合种植多种热带亚热带经济作物,土特产有无籽西瓜、蜜枣、玉桂、八角、三黄鸡、龟苓膏、豆浆晶等。这里的语言、生活习俗都与粤港澳地区非常相似,特色饮食,如龙虎凤烩、艇仔粥、纸包鸡,还有独具特色的火锅吃法——神仙钵等,都带有浓厚的粤菜色彩。

梧州温热多雨的气候和繁茂的森林植被使这里成为多种蛇类生活的天堂,这里有全国也是亚洲最大的储蛇仓库。俗话说:"秋风起,三蛇肥",在南方甚至是港澳等地区,许多家庭以及行业社团都有入秋后参加或组织旅游美食团来梧州大吃蛇宴进补的习俗。

山雄奇,水灵秀——百色

百色是广西壮族自治区西北部的中心,这里的山水

气象与旅游

灵气十足——清澈如镜的澄碧河、蜿蜒奔放的右江滋润着大石山区的祖祖辈辈；气势磅礴的通灵大峡谷、德保吉星岩、乐业大石围等自然奇观吸引了多少国内外喜好探险的人们；还有苗家的跳坡、旧洲的壮锦和绣球等都满含淳朴的风情……

百色地区属亚热带季风气候，地处低纬度（23.9°N，106.2°E），日照较强、热量充足，年日照时数达1907小时，年均气温为22.0℃；夏天较热，最热的7月平均气温28.6℃，极端最高气温42.2℃，冬天由于有山峦作屏障，从北方来的冷空气很少能进入向东南开口的右江河谷，最冷的1月平均气温也有13.2℃，极端最低气温为-4.0℃，无霜期长达356天。百色年雨量1098毫米，尤其是每年5—9月，沿着右江河谷北上的暖湿气流因山脉的抬升而形成的降雨使雨量增大，这时雨量占全年总雨量的75%以上。

大面积的石灰岩是百色"刚"的脊梁，在漫长的地质年代中，石灰岩在水的溶解侵蚀下，被雕刻成峰林、溶洞、大天坑等奇特景观。终年不断的溪流、飞瀑和夹在大石山间的原始森林是百色柔情尽显的一面，光热充足、雨量充沛的气候资源就是生命的摇篮。复杂的地形、多样的气候十分有利于发展多种经济作物，除传统的山林特产八角、茴油、松香、云耳、香菇等外，还有大名鼎鼎的"田阳香芒"以及如小苹果般大的大果山楂，至于龙眼、木菠萝、香蕉等热带、亚热带果树,在这里更是随处可见。

依山傍水的百色城里有保持着民国初年的建筑和风韵的解放街,有百色起义策划、进行的场所以及后来的红七军指挥部——粤东会馆。百色起义烈士纪念碑是百色的标志。从百色城沿着右江支流澄碧河逆流而上,可以到达澄碧湖旅游度假风景区,这里终年清澈透明的湖水宛如镶嵌在青山间的一块碧玉。

如果说澄碧湖是一位温婉恬静的少女,那么靖西县的通灵峡谷中,那165米高、30米宽的通灵瀑布和它周围一连串瀑布群就是一群充满活力的壮家少年。通灵峡谷总长10多千米,六个峡谷间有巨大的地下河道相通。在峡谷中的原始森林中,还时常能见到果子狸、竹鼠、野猫、原鸡、画眉、黄鹂等野生动物的身影。

位于百色以北乐业县的大石围天坑,从谷底到围口地面高差超过400米,其底部是原生态的原始森林,坑底还有神秘的地下溶洞和奔流其中的地下河,目前还只有为数不多的几次探险队进入过,是广西专业探洞和探险的最佳场所之一。

绿色宝库——崇左

曾经特别火的电视剧《花千骨》,优美景色是剧中亮点，主要的拍摄地就在广西崇左的大新德天瀑布、明仕田园、恩城乡。这里喀斯特地貌的山水景致十分符合小说的意境："唯美""灵气"。

崇左市位于中国西南边陲，地处北回归线以南，属亚热带季风气候，气候温和，雨量充沛。年日照时数1600多小时，1月平均气温13.8℃，7月平均气温28.1℃，年平均气温20.8～22.4℃，年无霜期340多天，年降雨量1200毫米以上。全年光照充足，夏长冬短，发展亚热带经济作物具有得天独厚的自然条件，有"绿色宝库"之称。

崇左市有500多处山水风光、人文古迹、珍稀动物、名贵古树、原始生态等多种类型的旅游资源。其中位于崇左市大新县归春河上游的德天瀑布，主体瀑布宽100米，纵深60米，落差70米，与越南的板约瀑布连为一体，是东南亚最大的天然瀑布，也是世界第二大跨国瀑布。另外，位于宁明县驮龙乡耀达村的花山岩壁画，是战国至东汉时期骆越人巫术活动遗留下来的遗迹。面积8000多平方米，共有各种用赭红色颜料绘制在悬崖壁上的人形、兽形、弓箭等图案1900多个。

2016年，广西左江花山岩画艺术文化景观列入世界遗产名录，成为中国第49处世界遗产，填补了中国岩画类世界遗产项目的空白。

长寿之乡——巴马

巴马瑶族自治县，被誉为"世界长寿之乡·中国人瑞圣地"，位于广西西北部，隶属于河池市。地处云贵高原向桂中平原过渡的斜坡地带，海拔大多在500～800米，属南亚热带至中亚热带季风气候，年均日照总时数1531.3小时，年均气温18.8～20.8℃，全年无霜期338天，年均降雨量约1600毫米，相对湿度79%。空气中负氧离子含量丰富，据检测，空气中负氧离子含量每立方米最高达2万个以上，比一般内陆城市高出几十倍。

巴马是少数民族聚居区。境内居住着瑶、壮、汉、仫佬、毛南等12个民族同胞，民风民俗淳朴。瑶族文化艺术十分丰富多彩，素有"有瑶无处不有鼓、有鼓无处不有舞"之说。这里民族风情独特，有番瑶祝著节、壮族三月三歌节及蓝靛瑶抛绣球、土瑶射弩和打陀螺等古朴的风俗。

巴马旅游资源丰富，主要景点有赐福湖风光、龙洪田园风光、弄友原始森林、盘阳河风光、百鸟岩、百魔洞、好龙天坑群、大洛水晶宫等自然资源以及长寿探秘、民族风情、革命史教育基地等人文旅游资源。

其中的百鸟岩、百魔洞是典型的洞河交错的独特地下河地貌景观，巴马老寿星们大多饮用的都是富含微量元素的水质洁净的地下河水。丰富的地下河水蕴藏着极大的能量，还可以用来灌溉农田和进行水力发电。巴马长寿乡探秘游已列入广西十大旅游精品之一。

2013年巴马荣获"全国休闲农业与乡村旅游示范县"和"广西十佳休闲旅游目的地"

广西的地下河

"一洞穿九山，暗河飘十里""一脉清流穿洞过，更辟瑰丽岩内景"，这是对桂林冠岩和荔浦丰鱼岩地下河独特景观的生动写照，当你乘木舟轻泛于洞中的地下河，那种飘逸而神秘的感觉是在别的地方体会不到的。

水对地下河的形成功不可没。在喀斯特地区，广西的年平均降雨量为1500～2000毫米，云南和贵州为800～1500毫米，与全国年平均雨量630毫米相比，的确属于多雨区之一。30%～60%的雨水和其他天然水沿着地表的孔洞和裂缝渗到地下，形成地下水，这些地下水不断地将石灰岩溶解侵蚀，把它们雕琢成奇峰林立、洞河交错的独特地貌景观，其中地下水聚积而成的具有相当规模的管道水流，就被称作地下河。地下河不仅可供人们游览，还是我们饮用水的重要来源之一。

在素有"世界五大长寿乡"之称的广西巴马县，老寿星们大多饮用的都是富含微量元素的水质洁净的地下河水。在侗族同胞聚居地，为了畅饮地下河水，他们因地制宜建成形态各异的水井。丰富的地下河水蕴藏着极大的能量，还可以用来灌溉农田和进行水力发电。地下河有这么多好处，我们一定要爱护珍惜它，保护它的洁净性，让它能够可持续发展、更好地提高我们的生活质量。

侗族风雨桥

侗族人民世代居住在云贵高原东麓、南岭山脉西段的广西、贵州、湖南等省、自治区。这里山岭叠翠、江河纵横，逢寨必有水，有水就有桥。偏南季风和山地复杂地形造成的频繁降雨更是让这里的桥添上了屋顶，形成了侗家特有的廊桥——风雨桥。

风雨桥遍布侗乡各地，在广西三江侗族自治县就有大大小小108座风雨桥。三江侗族自治县位于广西北部山区，是我国晴天最少的地方之一，年平均晴天日数仅为6天。大多数的时间这里的天空被云、雾和雨占据着，雨量非常充沛，年平均雨量1538毫米，空气湿度极大，年平均相对湿度81%。在长期与多雨而潮湿的天气打交道的岁月里，侗家人积累了丰富的防雨防潮经验，从风

雨桥等民族建筑中,我们可以看到建造者们匠心独运的一些细节:

(1)风雨桥是因地制宜用当地常见的大青石做桥墩,杉木为主体构筑而成,桥墩呈六面形柱体,上下游均为锐角,可以减少洪水的冲击。

(2)有着造型像杉树的重檐以及在桥侧的腰檐,被当地人称作的"雨搭"。多层屋檐比单层屋檐遮雨的功效更好,可以防止雨滴飘入,而且还兼具通风透光的功能。即使偶尔有雨水洒落在桥面上,由于木板间留有空隙,可以避免积水,从而在一定程度上延长了桥身的寿命。

(3)整座桥均由杉木穿插连接而成,不用任何铁部件,可以避免锈蚀。用桐油处理过的木材,更可以防潮、防虫,坚固耐用。郭沫若先生在为程阳风雨桥题的诗句中有"竹木一身坚胜铁"的评价。

正是因为有了这些精湛的工艺做保障,尽管历经无数风雨,目前仍然有300多座风雨桥,像一串串跳跃的音符点缀在侗乡的灵山秀水间,或轻盈或凝重,与自然环境融为一体。

风雨桥是我国一种古老的桥种,是木梁桥的典型代表。它不仅有沟通荆途、方便来往的交通功能,同时也是侗家人一个重要的休憩场所和社交场所。春天,当花炮惊醒了沉睡的山野,缠绵的春雨和烂漫的山花就把风雨桥点缀成了一首抒情的小诗,劳作归来的人们卸下蓑衣斗笠之后又多了一份把酒话桑麻的舒适。夏天，龙舟水如期而至，风雨桥下浆楫翻飞，一派热闹景象；在雨线如鞭、水急浪高的时候，风雨桥巍然飞跨江河两岸，坚实的身躯迎送着人们安然穿行。秋天，湛蓝的天空映衬着金色的糯谷，雄浑的芦笙吹足了丰收的喜悦，风雨桥就成了寨子里最热闹的地方之一，悦耳的侗族大歌、欢快的侗族舞步构成了最为壮观的喜庆图。冬天，浅浅白霜、点点雪花把风雨桥装扮得格外婀娜多姿，侗家人走村串寨，欢歌笑语洒满了坡岭沟壑。醇香的米酒、爽口的油茶、数不尽的美味佳肴，辛劳了一年的侗家人尽情地欢庆着他们的新年。

风雨桥陪伴着侗家人走过四季、走过无数个风云变幻的日子，侗家人热爱风雨桥、崇敬风雨桥。在未来的岁月里，侗家人还将与这山、这水、这桥相依相伴，续写着风雨情缘。

广西的浪漫"枫"情

广西境内的红枫大多分布零散，但也有几处例外。德保境内10万多亩连片的红枫林遍布城关、那甲、马隘、巴头等乡镇。德保地处"回归线绿洲"，北回归线横跨县境，属于南亚热带气候，具有冬不严寒、昼夜温差大的特点。观赏时间从11月中下旬一直到次年1月。

这里的红叶颜色有深红、绛红、霞红、黄红混合等。金秋时节，层层叠叠的枫叶与湖水相互映衬，如同人间仙境！有"德保枫叶赛九寨"的美誉。

广西另外几处红叶景区规模和名气虽不如德保，但也各具特色。柳城县崖山红枫景区的红叶以美国红枫为主，颜色鲜艳，而且春秋两季红，枫叶秋季红过之后又转青，第二年春季又会红一个月左右。所以每年3月和10—11月都可以在崖山观赏红枫，如果12月份去，可以到相隔不远的古砦乡蓬坡屯，这里有一片绵延6个山头的原生态本地秋枫林，很值得一看。

从桂林出发，走去梧州方向的高速公路，在六塘出口下高速，沿107县道向北可以到达临桂县六塘镇，六塘镇岚岩村有300亩[*]红枫林，分布在八个天坑和洞穴附近，全都是没有开发的原始林区，全程需要步行两三个小时，大约12千米。最佳观赏时间是11月下旬。

除此之外，桂林古东瀑布景区、乐业天坑景区都有大片红枫林，观赏期是11月到次年2月。

中国银杏第一乡——灵川

11月中旬，赫赫有名的"中国银杏第一乡"——灵川县海洋乡进入一年中最美的时节。海洋乡位于山

---
* 1亩=1/15公顷，下同。

区，气温一般比城市低 2～3℃，气候条件非常适合银杏树生长。这里有人烟的地方就一定有银杏林，总数达 100 万棵，百年以上的就有 1.7 万多棵，最老的已经 500 多岁了，最大的"白果王"树有 30 米高，要 6 个人才能合抱。这样成片成林的银杏林全国罕见，在广西也是绝无仅有的。

深秋的海洋乡是一片金色的童话世界，满树银杏叶黄得耀眼，林间树下、房顶院落也被金黄的落叶铺满。美中不足的是美景停留的时间太短，只有 11 月中下旬到 12 月初的三个星期。这时主要观景区大桐木湾、小桐木湾、九连村和小平乐村等地大都被游人占满，当然您可以找当地人带路到周边一些村落，虽然银杏树没那么集中，但胜在人少，可以让您任选角度尽情拍照。

灵川海洋乡距离桂林市区只有 45 千米，从桂林往大圩，过潮田，可以到达海洋乡。来到海洋乡千万不能错过当地的农家土菜——白果炖老鸭，那鲜美滋味会让你难忘。白果就是银杏树的果实，常吃能润肺定喘、对心脑血管疾病和脑功能减退、老年痴呆有特殊的预防和治疗作用。

秋季到北部湾看候鸟

秋天是一个候鸟南迁的季节。北部湾处在西太平洋候鸟迁徙的路线上。每年9月开始到11月，北方大批的鸟儿就会往南迁飞。北部湾上空，过境的猛禽、水鸟成群结队；有的在这里"落脚休息"，然后继续向南飞往大洋洲；还有一部分就此停下，留在这里过冬。

　　北部湾优质的生态环境，为鸟类提供了适宜的生存庇护场所。像防城港北仑河口、北海合浦山口红树林区、涠洲岛、冠头岭森林公园等地都是国际重点鸟类保护区，加上沿海特殊的红树林湿地环境气候，吸引了种类繁多的候鸟来到这里栖息越冬。有很多还是极度濒危的物种，比如勺嘴鹬、黑脸琵鹭、东方白鹳等，都在广西沿海出现过。北海冠头岭更是大型猛禽眷顾的地方。有些大鸟展开翅膀能有两米多宽。如果人们运气好，还可能遇到数百只迁徙雄鹰顺着气流盘旋，筑成罕见的鹰柱奇观。

　　鸟儿的迁徙是应对自然和季节变化所做出的一种反应，但是每一年都有大量的鸟类由于人为因素而不能完成迁徙，很多候鸟遭到肆意捕杀。据说，许多鸟类在被捕捉或惊吓后，会产生严重的"应激反应"，即使过后放生也很难继续存活。所以，如果在野外遇到候鸟，不要去惊扰它们。其实，候鸟和一般禽畜的营养成分没有太大的区别，野生动物身上还可能携带各种各样的致病病毒。奉劝人们不要去吃这些所谓的"野味"，伤害这些可爱的精灵，还是一起为保护候鸟和生态环境做出努力吧。

东盟系列之马来西亚

马来西亚靠近赤道，由西马和东马两个部分组成，海洋气候特征十分明显，炎热潮湿，阳光充足。由于有海洋的调温作用，不会有广西37℃、38℃这样的高温，年温差很小，一整年都是夏天，所以也被称为是具有永恒夏天和永恒阳光的地方。

马来西亚几乎不用担心台风的影响，因为它恰好处在台风生成带的下方，极少有台风"光顾"，但受季风影响很大。这里还是分雨季和旱季的。在西马西海岸，4月、5月和10月雨水比较多；而东马还有西马的东海岸，雨季是在11月到次年的2月，期间有些地方还会封岛，比如很受热捧的热浪岛和停泊岛。因为浪大渡船危险，也不利于水上活动。

大马几乎能满足每个旅行者。喜欢探险的人，可以进入原始森林跋涉，乘筏渡河；喜欢潜水的朋友，肯定不会错过沙巴，那里终年没有台风、地震和海啸，原生态的小岛群、珊瑚礁、热带鱼、落日霞光，美得令人惊叹；爱好挑战的人，可以去攀登东南亚的第一高峰京那巴鲁山，接受高山寒冷的考验；想要探寻历史印记、沉淀浮躁的心灵，就去马六甲河畔漫步，走到荷兰红屋前听百鸟齐鸣、穆斯林虔诚诵经，一定会让你收获良多。

马来西亚是信奉伊斯兰教的国家,即便再炎热的天气,穆斯林女生都把自己包裹得严严实实。咱们去的话,可得做好防暑防晒措施了,要知道赤道的紫外线真的很伤人,高倍数的防晒霜一定不能少。

虽说大马天气炎热,但是室内空调吹得还是很凉的,所以要带上小外套以防着凉。另外饮食偏好比较重的口味,像咖喱、香茅等以祛除体内湿气,所以肠胃不好的朋友最好备一些药品防止水土不服。还有就是热带地区蚊虫比较多,最好备上驱蚊水。

东盟系列之泰国

泰国属于热带季风气候,分为三个季节:2—5月气温最高,平均气温有32~38℃,称为"热季",尤其是4月和5月,天气相当煎熬难耐。每年的4月13—15日,是泰国的泼水节,相当于中国的春节,是泰国的传统新年。清凉的冰水泼去人们身上的炎热,也泼去旧年所有的不愉快和麻烦事儿,祈求新年好的运气。

6月到10月下旬,是第二个季节——"雨季",平均温度维持在28℃左右,泰国全年有85%的雨水都集中在这个时候下,在2011年7月底,泰国南部就因为持续暴雨而引发洪灾,大半年后洪水的影响才结束,这也是半个世纪以来泰国遭遇的最严重水灾。所以如果您在雨季里到泰国旅游,一定得格外留意天气预报,雨伞、雨衣要带好。

雨季过后,泰国就迎来了"凉季",是在11月到次年1月,平均气温为19~26℃。虽然说是"凉季",但其实凉而不冷,感觉非常舒适,这个时候是泰国最佳旅游时段!

作为耳熟能详的泰国旅游景点,曼谷、芭堤雅、普吉岛、苏梅岛、皮皮岛和甲米等,都位于泰国的中南部地区,年平均气温一般在30℃左右,来到些地方,比基尼要穿,防晒霜更不能缺!除了清凉的服装,您还得带一些盖过膝盖的裙子或是裤子,在进入皇家庭院参观时,要穿得得体一些。

旅途中不仅要观赏如画的风景,美食也是必不可少的,泰国盛产榴莲、桂圆、椰子等,以热性水果偏多,如果吃太多是非常容易上火的,所以必要的时候还是克制一下。

东盟系列之菲律宾

菲律宾被称作"千岛之国",由大大小小七千多个岛屿组成。它处在赤道和北回归线之间,比马来西亚的纬度要高一点点(7°~20°N),正是这"一点点",却造就了许多的不同。影响我国的台风,很多是在菲律宾以东的西太平洋面生成的,那里是台风发源的摇篮。所以和马来西亚相反,菲律宾是台风最喜欢光顾的地方。每年夏半年,这里都要遭受20~30次的台风袭击,平均每月3个以上,真是不可思议。除了台风,菲律宾位于环太平洋地震带上,所以不时有地震和火山喷发。不过,正是因为这样独特的气候地理背景,才成就了菲律宾极为丰富的自然资源和生物资源。

菲律宾拥有繁密的珊瑚群,是世界上海洋生物种类最丰富的地区,不管你是在水面浮潜,还是大胆地深潜入海,都能体验到在天然大鱼缸里畅游的惊喜,这里是潜水爱好者向往的天堂。长滩岛也是喜爱阳光沙滩的人们的天堂,它被很多人评价为世界上最美丽的海滩。白天有一望无际的海洋和湛蓝辽阔的天空,热情的白沙滩和挺拔的椰子树;一到夜晚却华丽转身,变成了五彩斑斓的露天酒吧,伴着海风习习,心都醉了。说起菲律宾的天气,同样是常年夏天,没有春秋冬季。但是受到季风和复杂地形的影响,不同岛屿间气候略有差异。比如有些地方常年多雨,而吕宋岛、巴拉望岛等地则可以分干季(11月—次年4月)、雨季(5—10月)和凉季(12月—次年2月)。一般5月份天气最热,6—11月多台风影响,7—9月雨水最多,所以现在去菲律宾旅游并不是最佳的选择(6—11月多台风影响;6—10月雨季)。

不妨推迟到12月—次年2月,进入凉季,相对舒爽一些,雨量减少,台风出现概率也明显减小,那才是出游的完美时间。

东盟系列之越南

越南属于热带季风气候,每年的5—10月是越南的雨季,不但总体雨量大,而且雨势也特别强烈,经常出现大雨和暴雨,湿度大,温度也非常高,所以雨伞、防晒霜都要备好。

来到越南,遮阳挡雨您可以试试越南斗笠,也就是我们常说的"越南帽"。在越南,斗笠随处可见,其中最具特色的要数顺化斗笠,造型精巧,用料轻薄,编制独具匠心,如在各层葵叶上或绘画或赋诗,是不可或缺的纪念品。

越南领土的形状是一个细长条的"大S",面朝西太平洋,海岸线很长,每年的7到11月,越南沿海地区经常会遭到台风骚扰,所以您出门前得再多看看天气预报,可别跟台风共赴越南度假。

有意思的是,除了台风,每年的5—8月,越南中部还常常刮起一种"焚风",当地人称之为"老挝风"。这是来自印度洋的西南季风,它经过泰国、柬埔寨、老挝等国的长途跋涉,水汽越来越少,而炎热的大地使得它的温度越来越高。当它来到越南沿海平原时，已经变得非常干热了。它吹过的地方燥热干旱，对植物危害很大，人们则要特别注意补水。

河内是越南的首都、历史名城，因为临近北部湾，气候宜人，四季如春，降雨丰富，花木繁茂，素有"百花春城"之称。风景如画的湖泊和郁郁葱葱的公园、林荫大道、风格各异的建筑古迹都是游客放松心情、漫步的好地方。

如果河内是北京，那么胡志明市的地位就相当于上海。高低错落的城市隐没在满城的绿树里，倚城而过的西贡河蜿蜒流淌，阅尽世事沧桑。在熙熙攘攘的街头，看车来人往，仿佛触摸到了这个城市的脉搏，感受它的激情。

下龙湾，意为"龙下海之处"，位于北部湾西部，是世界自然遗产，以风光秀丽迷人，闻名遐迩。因为这里的景色酷似广西的桂林山水，因此被称为"海上桂林"。

东盟系列之新加坡

新加坡共和国，这个号称"城市花园"的国家，有着优质的空气、优秀的生态环境以及颇具现代科技感的建筑。新加坡在建国之初最重视的就是环保工作，市区

1万多棵树的分布、生长情况都详细地录存在电脑上。

新加坡是一个现代化、科技化、国际化的城市国家，在河口上矗立的"鱼尾狮"雕像象征新加坡的进取精神，因此，新加坡又被称为"狮城"。

新加坡靠近赤道线，365天天天都是夏季，6—9月吹的是西南季风，全年雨量最少，并且温度适宜，是旅游的最佳时段。12月到次年3月是雨季，吹的是潮湿的东北季风，每天下午都会有雷阵雨，这个时候不适合患有风湿疾病的朋友前往。。

新加坡的人口中百分之八十是华人，其余的百分之二十来自马来西亚、印度、日本、欧洲等地，在这样多元文化的国度里，城市规划就非常的人性化，比如"风雨廊"，一下公交车，就有车站连通居民楼的遮阳挡雨的走廊，让我们免受日晒雨淋之苦。

圣淘沙被誉为是新加坡最为迷人的度假小岛，这里的气候尽管和市区相差无几，但却没有特别的雨季，一年中每天都可以前往。而岛上最为著名的环球影城，有24个不同电影主题的游乐设施与景点，给人一次亲身走入电影主题世界的精彩体验。白天还可以在鱼尾狮的塔顶欣赏城市容貌及周围小岛的美景，而入夜后的鱼尾狮塔，可以感受美轮美奂的音乐喷泉。在海豚公园，可以和粉红色的海豚来一次亲密接触。丹戎海滩，能够满足喜欢安静的朋友，慵懒地躺在沙滩上，任习习凉风轻抚，静等满天星斗。

新加坡的地理位置决定了她几乎没有自然灾害：不会有台风、海啸、泥石流，是很安全的国家。新加坡只有600多平方千米，从这一端到另一端，开车仅需两小时，重点是新加坡对中国实行"落地签"，出入境很方便。

东盟系列之文莱

文莱被称为"袖珍之国"，国土面积很小，只有5700多平方千米，而广西防城港市的面积就有6100多平方千米。别看文莱国土面积小，她可是拥有好几个世界第一的称号：全球正在使用的第一大的宫殿、东南亚最大的游乐场：水晶公园，以及世界第一大的水上村庄。

斯里巴加湾市是文莱的首都，最早的时候这里只是一片沼泽，当时人们在文莱河河底安插木桩，然后将木屋建于木桩之上，渐渐形成了面积达2.6平方千米的水上村落，房屋虽然是建在水上，但仍有街巷将村落与村落、房屋与房屋之间分隔开来，真的是一座"东方威尼斯城"，世界上最大的水上村落也由此而得名。

文莱的地理位置优势，不仅不受台风影响，而且基本上也不会发生地震、火山爆发、海啸等自然灾害，是一片文明、祥和的土地，所以文莱拥有"和平之邦"的美誉。

文莱的国土四周都被马来西亚包围着，内陆山地较多，而沿海则是平原，长达161千米的海岸线让人流连忘返。文莱离赤道非常近，属于热带雨林气候，气温稳定。一年当中，文莱每个月的最高气温基本稳定在30～33℃，而最低气温也很稳定的保持在23～24℃左右，总的来说白天会稍显炎热，夜晚有海风吹拂，凉爽宜人。

文莱全年的降雨很多，通常空气的相对湿度高达80%，一般11月至次年的2月是雨水最集中的时候，因此3月至10月是当地最适宜旅游的时期。

文莱75%的陆地都生长有茂盛的森林，林木的种类丰富，空气清新温暖潮湿，简直就是一个超大的负氧离子超市。

东盟系列之柬埔寨

柬埔寨位于中南半岛南端，属于典型的热带季风气候。每年6—10月，来自海洋的西南暖湿气流驻守这里，送来占据全年75%的雨水，这时候便是柬埔寨的雨季，几乎每天都要下雨。而11月到次年5月，来自大陆的干燥空气成为当地的主宰，雨水明显减少，造就了柬埔寨的旱季。旱季里的3—5月，天气十分炎热，气温有时会突破40℃，和我们国内的火炉城市不相上下，而11月—

次年 2 月天气变得凉爽下来，正是出游的最佳季节。

柬埔寨有两个很重要的节日——"送水节"和"风筝节"，都在凉爽的 11 月前后。这时柬埔寨的大地上北风轻拂，雨季结束而捕鱼季节到来。王宫周围、湄公河畔张灯结彩，感谢这一年来雨水的造福。风筝节当天，人们请居士诵经，祈求代表凤凰的风送走代表龙王的水，以便收晒庄稼，获得丰收，然后将各式各样的风筝放飞，场面格外壮观。在柬埔寨，很多节日都能让我们体会到这个民族对风雨、对自然的尊敬和感恩。

1000 多年前，吴哥王朝在这片土地上修建了精美绝伦的神殿和庙宇，直到衰落，这些古迹便隐没在热带丛林里，19 世纪才被重新发现。其实雨天看吴哥窟会有更加奇妙的感受。当雨水流淌在长了青苔的石墙，偶尔有闪电划过，与古殿交相辉映，一定是震撼人心的视觉体验。而且雨季是当地旅游的淡季，如果想避开人群，不妨选择 6—10 月出游。当然，得备好轻便的雨衣，注意安全。吴哥许多建筑都比较高，楼梯窄又很湿滑，还有沙子，所以备一双合脚的防滑鞋是十分必要的。另外那里阳光强烈，为了避免裸露的皮肤被阳光暴晒、被蚊虫叮咬，减少身体对空气热量的吸收，当地人一般穿长衣长裤。所以，外地人也最好入乡随俗，特别是进入寺庙是不能穿拖鞋、短裤短裙、无袖上衣的，备几件宽大、透气性好的长袖衫是必要的。

东盟系列之老挝

老挝是一个沉静从容的国度,它的首都万象不大,租辆自行车,一天就能走遍万象的主要景点。市中心的凯旋门,雄伟华丽的佛塔庙宇,穿街过巷的突突车,迷宫似的早市摊档,浓厚的生活气息扑面而来。

老挝是个亚热带、热带季风气候的国家,也是东盟十国中唯一一个不靠海的内陆国家,境内山地占的比例很大,地形的抬升使气温降低,老挝在众多热带季风气候国家中算是比较凉爽的。11月到次年4月是少雨的旱季,平均气温15℃,北部山区有时能降到0℃。去老挝北部旅行最好在3—5月,这时气温回升,凉热适中;但老挝南部平原3—5月最高气温基本在35℃左右,就太热了,老挝南部最合适的旅游期是11月到次年2月,气温在25℃左右。

老挝的雨季从5、6月开始直到10月,25～30℃的气温不算高,但空气相对湿度接近100%。潮湿的雨天和泥泞的道路会给旅程制造很大麻烦。不过如果你喜欢乘船的话,这时候去也不错,而且淡季各种费用也便宜不少。

老挝雨量充沛,河流纵横,很多旅游景点和项目都跟河水有关。在"老挝小桂林"万荣,来自世界各地的背包客们泡吧、探洞、登山,最惬意的是去滑索跳水,累了坐在用汽车内胎做成的游泳圈上顺着南松河悠闲漂流。

湄公河碧波绿水亲吻着的四千美岛也是不容错过的,骑自行车、划皮划艇,也可以什么都不做就只是慵懒地躺在吊床上乘凉,聆听孩童嬉闹,看长尾渔船漂过,在喧闹的蛙声虫鸣中观赏美得令人心醉的湄公河日落。

东盟系列之印尼

印尼横跨亚洲及大洋洲,是世界上最大的群岛国家。如果把它的1万多个岛屿比作撒在海上的珍珠的话,巴厘岛无疑是最闪亮的一颗。这里位于赤道附近,是典型的热带雨林气候,很少有暴风,也没有台风影响,年平均气温25~27℃,一年365天都是夏天,任何时候来,您都可以尽情戏水或者享受浪漫的日光浴,沙滩按摩、浮潜、水上摩托车消费也不贵。

在海滩玩够了,可以登上乌鲁瓦度崖,俯瞰大海与断崖厮斗。路上随处可见顽皮的猴子,这时你得赶紧把眼镜和随身物品放好了。

你还可以到乌布市场感受一下当地人的生活,顺便买些小工艺品。下午6点半左右别忘了赶到著名的海神庙,这里的落日美景可是全球十佳之一。每年4—

10月是印尼旅游的黄金期，雨水比较少，适合享受阳光沙滩和探奇热带雨林；11月到次年3月是雨季，几乎每天都会有暴雨，但如果你是吃货的话，雨季的印尼更充满诱人的魅力，因为这时正是各种水果成熟的时节。

印尼是仅次于巴西的世界第二大热带作物生产国，热带水果品种很多，香蕉就有几十种。不同品种的香蕉有不同吃法，有生吃、煮吃、油炸，还有炭火烤的。广西香蕉也不少，你有没有勇气试试这些创意吃法呢！印尼美食中的"沙爹""登登""咖喱"牛羊肉和海鲜大餐里所用的调料、香料也都是热带特产。

印尼首都雅加达是东南亚人口最多的城市。137米高的民族解放纪念碑上的纯金火炬雕塑闪耀着独立的光辉，古老的帆船码头现在仍能见到桅杆林立、帆影云集的景象。

巴兰班南和婆罗浮屠都是名列联合国世界文化遗产的神庙遗址，婆罗浮屠的日出能带给人生最纯净的体验。

苏门答腊岛有郁郁葱葱的热带雨林，有东南亚最高的湖泊多巴湖，还有众多瀑布和洞穴，非常值得一去。

东盟系列之缅甸

缅甸被称为"佛塔之国"，一座座镀金的或者白石的佛塔随处可见，最著名的瑞光大金塔坐落在第一大城市仰光城北的圣山上，通体贴纯金，塔顶镶嵌着几千颗钻石和宝石，不管白天夜晚，都闪着耀眼的金光。乔达基大卧佛、昂山市场、卡拉威宫也是到仰光必看的著名景点。

缅甸东、北、西三面环山，南面临海，印度洋西南季风的吹拂使这里大部分地方炎热多雨。这里的一年分为凉、热、雨三个季节。3—5月是热季，最高气温普遍达到35℃以上，中部平原地区甚至会超过40℃。6—10月是湿热的雨季，最高气温也有31~32℃，集中而频繁的降雨会使交通状况变得很糟糕。

11月至次年2月的是缅甸的凉季，这时气温大多在16~30℃，是缅甸最凉快、最干爽的时候，也是到缅甸旅游的黄金时节。

北部掸邦高原的茵莱湖是绝好避暑胜地，这里的小岛竟可以像船一样划来划去。当地人把湖上漂浮的水草、浮萍、藤蔓植物聚集起来，盖上湖泥，在这些浮岛上种菜既不会被水淹又不怕干旱。当地人还有一项绝技，他们划船只用脚，腾出手来撒网捕鱼，这也是只有在这里才能见到的奇观。

乘热气球俯瞰佛塔遍布的蒲甘平原，是种无与伦比的体验。"佛塔之都"蒲甘全盛期有4万多座佛塔，现仅存2000多座，但也足以震撼人心。蒲甘也因此成为东南亚三大奇迹之一。

  2005年缅甸把首都从仰光迁到了中部小城内比都，不过到缅甸旅游还是必去仰光，因为它仍然是缅甸最重要的商业、经济、文化中心和交通枢纽。

气象与交通

春运健康攻略

冷天室内外温差大,车厢里一般温度较高,加上人群拥挤,空气差,非常容易引起胸闷、头晕等症状。拥挤的车厢对我们的肠胃、心血管、呼吸道等也是一场不小的挑战,要注意预防以下情况。

一、捂热综合征。"冷天中暑"实际上多发于1岁以内婴儿的"捂热综合征"。春运途中,家长们把孩子裹得里三层外三层,唯恐孩子受寒,这使得孩子处在一个"人造夏季"中,体温逐渐升高,等到父母发觉时,孩子已经"中暑"了。爸爸妈妈们要根据宝宝的活动情况和室内的温度,随时给宝宝增减衣服,以宝宝面色正常、四肢温暖和不明显出汗为宜。

二、防肠胃疾病。乘坐长途火车难免会饮食不规律,个人的卫生也会大打折扣。所以,春运途中易发胃肠道疾病,腹痛、腹泻、呕吐等是常见问题。在列车上要注意饮食卫生,尽量规律进餐,上车前备好消毒湿纸巾,吃饭前用湿纸巾擦手。

三、久坐容易引发下肢静脉血栓。所以,在列车上要经常换换姿势，在自己的位置上转转脚腕、踮踮脚尖等。利用到站几分钟的时间下车活动活动，透透气，呼吸呼吸新鲜空气。

气温与路面温度

"温度"是个很大的概念，包括空气温度、地表温度、水下温度等，而"气温"只是温度中的一种，就是空气温度的意思。气象部门所观测、预报的气温，是离地1.5米百叶箱中的气温，并且百叶箱要设在通风的草坪上，还得避免阳光的直射。这样观测，才能真实体现大气的温度状况，这是全球统一的观测标准，也是国际惯例。

由于阳光直射下地表快速吸收热量，所以地面的温度值要比离地面1.5米的空气温度要高，而且不同物质的地表，同一时刻的温度也是不一样的。我们常见的路面有以下几种：草地、泥土、水泥地和沥青路面，当气温在35℃的时候，草地温度会高2℃左右，泥土和水泥通常会达到45～55℃，沥青路面甚至高达65℃，所以在沥青路面行车最容易出现"高温爆胎"。

夏天开车谨防"路怒症"

天气热了，患"路怒症"概率更大。炎热天气是暴躁脾气的帮凶。对于驾驶员来说，在灼人的阳光下行车本身就是个煎熬，再加上拥挤的车流和热气蒸腾的路面，中枢神经处于持续紧张的状态，更容易产生心烦意乱、急躁易怒的不良情绪。

带着不良情绪驾驶车辆，后果往往是不堪设想的，所以避免夏天"情绪中暑"，使自己拥有一个良好的心态特别重要。驾驶室的空间狭小，加上开车动作单一，运动幅度小，容易让人感到疲劳。所以要尽量营造舒适的车内环境。开车前一定得休息好，根据夏天昼长夜短的规律安排作息。尽量利用早晚凉爽的时段开长途车，避开中午前后高温。在停车的间隙，有条件的不妨下车活动一下，并做一些上下蹲起的运动，有利于缓解疲劳。另外，如果长时间密闭使用空调，会造成车内空气不流通，所以应当适当调节空调的工作状态，每隔一段时间打开车窗透透气。

其实情绪有时候和认知有关，看到交通拥堵，告诉自己这是出行高峰，怨天尤人没有用，就会变得从容了；看到别的车子"加塞并线"，理解成他可能有急事要赶路，而不是恶意挑衅，这样也许就原谅了对方；看到前面车辆速度太慢，理解成他是新手，而不是故意挡路，或许就不会再产生愤怒的情绪了。马路上的其他车辆其实就像是我们的镜子，你对镜子微笑，镜子也会对你展开笑颜。

高温天车内的"隐形杀手"

每年夏天,都会发生汽车里一氧化碳中毒或窒息死亡的事故。有的朋友喜欢在车库的车子里吹着空调休息,这是不把自己的生命当回事。在停驶密闭的条件下,车里的空气无法与外界交换,发动机排出的一氧化碳还会通过吹风口送到车子里,长时间过后,车内污染指数会大大超出人们的想象。如果一定要在车里休息,记得给车窗留点缝隙,并且每隔一小时通一次风,降低危险系数。

其实在高温环境下,汽车里还有一些我们看不见的隐形杀手:

(1)易燃易爆物品。当车外温度达到35℃以上时,在不开启空调的情况下,封闭的轿车内部会在15分钟内快速升温到65℃以上。这时如果车里有一次性打火机、罐装饮料、香水、空气清新剂、电池等物品就危险了,它们都很容易受热膨胀,引发爆炸。

(2)空气污染。在60℃以上的高温环境里,双酚A、苯等有毒物质很容易被挥发出来,污染车内空气。而CD光盘、香水都是这些毒物质的载体。

(3)聚光体。香水瓶、眼镜等玻璃聚光体,可以将光线汇聚形成高温,引起火灾。

汽车降温妙招

夏天进入高温暴晒的车子里是一件烦恼的事,科学实验证实,汽车在高温暴晒后,车内不仅温度非常高,还含有大量的苯,这种物质的致癌强度很大,如果在门窗关闭的情况下,一上车就开空调驾驶,对身体健康非常不利。分享一个迅速降温的方法:在打车门后不要急着上车,先把右边的车窗降到最低,同时打开空调外循环,把风量调到最大,然后走到驾驶位车门,以正常的力量,反复开关车门五次,这样只要短短的1分钟就可以迅速降温8℃。另外,我们都知道热气上升冷气下沉的道理,所以打开空调后,记得把空调出风口打到向上的位置,这样可以达到事半功倍的效果。

雨季用车注意事项

雨季里要多检查车辆的相关部件,包括雨刮器、雾灯以及车辆的密封部件,比如天窗和车门等。如果发现有损坏的地方要及时处理。

雨季里开车,要谨慎对待路面积水。在入水前先观察积水深度,如果超过半个轮胎就不要下水了。下水前挂入车辆最低挡位,这样做可以得到最慢的车速和最大的扭力,防止水进入进气管,并让车辆更好的通过积水中可能遇到的障碍。

如果汽车在积水中熄火,千万不要再启动了,因为多数驾驶员对涉水驾驶基本没有经验,盲目启动发动机很可能对车辆产生损害,遇到这种情况可以把你的爱车推到路边,拨打电话进行求助。

汽车经过积水后需要检查和清理,最好是去4S店或汽车美容店清洁车辆,以防沙粒、树叶等进入发动机进气系统造成发动机、电路以及车漆等零部件损坏。

开车遇洪水逃生攻略

进入汛期我区强降雨增多,常常有洪水滚滚而来,2015年7月25日,来宾市金秀县一辆面包车在过一座旧桥时被洪水冲走,造成人员伤亡的惨剧。所以汛期开车出行,要格外留意。

首先,对自己常走的路段容易积水的地方要做到心中有数。暴雨天气出行,注意看交通部门的警示标志,尽量避开积水路段,实在避不开,要先进行目测:如果水深超过轮胎的一半高,或者水流太急,就不能蹚水了,要赶紧掉头回去或者绕行其他路段,特别是被洪水漫过的水坝和桥梁,贸然开车上去很容易被冲走。

有的朋友看见雨下得大,就待在车里躲雨,而周围水位还在上涨,这样是非常危险的。正确的做法是:果断弃车逃生,越早打开门窗越好,因为水位越高,水的压力就越大。据测算,水深 1.2 米的时候,对 0.8 米宽的车门来说,门外的静水压力将高达 576 千克,要想从车里推开车门是根本不可能的。

危急时刻,只能用安全锤或者破窗器等工具敲碎两侧的窗玻璃,才有可能逃生。曾经有网上流传的一些方法,比如用车座头枕的金属脚来撬车窗、用高跟鞋的鞋跟敲玻璃、用灭火器或者方向盘锁来砸窗等,经过有关部门的实测,效果并不理想。所以说,在暴雨肆虐的季节,车上必备的神器要添上能破窗的专业工具,关键时刻能救命,有备无患才是安全之道。

有的朋友不慎开车落到深水坑里,有的朋友甚至连车带人被洪水冲走,关键的问题都是想办法从车里出来,要有工具割断安全带、打碎侧面车窗玻璃。从车里逃出来之后,在水中往气泡上升的方向游,或者往有亮光的地方游,尽快到达水面上。

警惕"吃人"井盖

在强降雨天气里,要特别警惕市区、城镇由于积水而冲开的那些井盖,因为一失足掉入下水道,很容易造成失踪的悲剧。因此，下雨天尽量不要外出，最好不要往水深的地方行走，正所谓"千防万防不如自防"。目前城市中的井盖是最多的。以南宁为例，慢车道、人行道以及路口是井盖最集中的地方，平时要多留意它们的大概位置，下雨天的时候尽量不要走。

万一掉入井下，该如何自救呢？首先要找到某种光源。比如用手电筒、手机、打火机来照明，或者寻找从地面上射到井下的光线。

其次要找到一个可以抓住的地方，避免被冲到下游，因为下游的管道会有大量堆积已久的污水和垃圾，那里面的硫化氢会比上游的多得多，这种名为"硫化氢"的毒气可是会是致命的。

最后，要让身体尽可能站直，因为硫化氢的重量比空气大，所以在下水管道的下方这种毒气会聚集得更多，而用衣服捂住口鼻也会减少毒气的吸入。

总之，一定要有安全防范意识，平时也要多教育孩子们不要好奇地去踩井盖，因为有些井盖已经松动了，哪怕不下雨，也有可能会掉下去。

防范车辆自燃

消防部门曾对机动车自燃事故进行分析，发现4成以上自燃车辆都是家用的中小型轿车。汽车自燃大多是油路、电路老化造成的。大热天开车，汽车内部会积聚很多热量，特别发动机部位温度很高，这就会加速车内电路绝缘橡胶、油路橡胶管老化，一旦电线短路或油路渗漏，汽车很容易自燃起火。

所以天气热起来后要常常检查车内电路油路的情况，有问题及时更换。如果发现漏油的，要赶紧清洗油污避免残留。根据一些4S店建议，车龄超过4年的就要加强电路、油路保养，同时有保险公司也建议，车龄超过3年的最好投个自燃损失险。除了电路、油路老化，对新旧车辆改装不当也是汽车自燃的诱因。有些朋友追求个性，喜欢在车里加装一些电子设备，甚至改变原有的电路、油路，这些都为自燃事故埋下安全隐患。买车以后，还是少改装为妙。另外，有些人喜欢在车里放点香水，还有人喜欢放打火机，而这些易燃易爆物品就像定时炸弹，放在车上极易引起车辆自燃。

汽车火灾蔓延很快，几乎5分钟就烧毁一辆车。所以一旦发现引擎盖冒烟，要赶紧把车停到安全位置并报警求救。发动机舱火还没烧出来的时候，千万不要打开盖子，否则大量氧气进入后，可能会让火势瞬间蔓延或增大。可以拉一下发动机盖把手，让车头前盖弹起一条缝，用灭火器从缝隙里向发动机舱喷洒灭火剂。

高温天防爆胎

夏天开车最常见问题就是爆胎。有研究数据表明，公路被太阳暴晒后，中午以后路面温度会高达70℃。汽车在高温路面行驶，轮胎气压升高，如果本身有损伤或者胎壁比较薄，再遇到路上的沟沟坎坎，就很容易爆胎。所以，平常要多检查轮胎情况，特别是出车前和停车后要检查胎压和轮胎外观，如果发现漏气、鼓包、龟裂等要及时修复和更换。一般来说，夏天轮胎的气不要打太满，胎压比标准胎压低10%左右比较合适。开长途车时，避免长时间高速行驶，并且最好开一段就停车休息一会，让轮胎降降温，不过千万不要用水淋轮胎降温。

高温天防水箱高温

水箱"开锅"也是常见的"汽车高温病"。开车时发现仪表盘水温很高，甚至看到车头冒出水汽时，就是水箱开锅了。这时要立即靠边停车，打开双闪，然后根据开锅时车速的快慢来决定后续处理措施。如果在低速行驶发现水箱开锅，停车后可以熄火，打开发动机仓盖散热，并给4S店打电话等待救援。如果开锅时车速很快，那靠边停车后，一定要让发动机怠速运转一会再熄火，这样散热器中的冷却水可以继续循环冷却，带走之前发动机高速运转产生的热量。要预防汽车开锅，平时要多检查水箱，发现缺水要及时加满。开车时要随时观察水温表，一旦水温过高，最好靠边停车休息。

高温天防电动车自燃

高温天气骑"电驴"（电动车），时速不宜太快，时间也不能太长，长时间使用最好中途停车让车子休息一下。充电器尽量不要放在车上，路面颠簸、太阳暴晒等会导致它的电压升高，引起自燃。充电时间在6~8小时最合适，最长不超过12小时。平时充电不要把充电器放在坐垫等易燃物品上。还有一点值得注意：充电最好不选在晚上，而是在白天。充满电马上拔掉插头，避免电瓶充电过载起火，通宵充电会加快电线的老化速度，为自燃埋下隐患。

电动车正常使用寿命一般在3~4年，超过时间要及时检测线路是否老化、电瓶是否需要进行更换。尽量避免在雨天、积水路段行驶，这样容易造成电机进水，遇上短路就会导致自燃事故。平时开电单车还要爱护车辆，如果路途比较远，停车等红绿灯的时候，最好摸摸电瓶电机，一旦过热要停车休息，有异常还要及时到维修站维修电动车的电机功率,一般电机功率越大,发生自燃的危险系数也越大,所以大家在选购的时候不要太贪心,适合自己的才是最好的。

春雨绵绵"电驴"怎么跑

对骑电单车的朋友来说,雨天是个麻烦的体验。应该怎么骑才安全呢?首先,电动自行车在非机动车道行驶,最高时速不得超过 15 千米。雨天骑车还应该更慢一些。根据交管部门统计分析,很多电动车事故的最初原因,是电动车主开快车,进一步占用机动车道行驶,甚至闯红灯、逆行等,最终导致交通事故。

雨天路滑,刹车距离会比平时更长,所以要预留一个提前量,和路上其他车辆保持更大的安全距离。另外,如果刹车太急,车轮很容易侧滑。雨天刹车最稳妥的办法是前后闸同时刹,并且不要一刹到底,而是逐渐加大力度。

雨天骑车穿雨衣时最好先试穿一下;把雨衣套到车头,再穿到身上,最后再左右转动车把,确保雨衣足够宽松,转向不受限制。还可以买上下分开的雨衣雨裤,而不是连体的雨衣。另外,雨衣还会降低我们对周围环境的感知,特别是视觉和听觉会迟钝不少。穿雨衣骑车一定要多留心周围情况,过路口、转弯都要再三看清楚。

下雨天，天色比较阴沉，加上能见度差，就算自己能看见路，也要打开电动车灯，让别人看见我们！

戴眼镜的朋友还会有额外的困扰，那就是眼镜被雨淋怎么办。春雨比较温柔细密，不像夏天的雨那样"猛烈奔放"。戴眼镜的朋友，雨天骑车可以戴上一顶棒球帽，把帽檐压下来成一个倾斜的角度，挡在眼镜上方，这样就能在一定程度上挡住雨水。如果雨太密镜片还是被打湿，最好到路边停车，用眼镜布或餐巾纸擦干镜片。

另外，雨天骑车还要注意电动车的保养。电动车的电机大多在后轮，可以承受一般程度的冲洗，下雨被淋湿也没关系，但千万不要开到太深的积水里，因为一旦积水没过半个车轮的时候，就会顺着车轴进入电机，导致故障甚至是电机报废。雨天过后要及时清洗和擦干电动车，避免泥沙和污水腐蚀车辆部件，引起生锈。

冬季骑电单车的禁忌

寒冷的冬天，很多人要一大早冒着寒风、骑着电单车上班。为了防寒，骑手们"全副武装"，从头到脚裹得严严实实的，暖和是暖和了，可是有的措施不太妥当，存在安全隐患，这也就是冬天骑电单车的禁忌了。

禁忌一——长围巾。戴着长围巾开电单车，围巾容易被绞缠到车轮里，或者被旁边的车子钩到。比较安全的替代品是围脖或者短围巾。实在要戴长围巾，最好把尾巴塞到衣服里面。一旦遇到有人被长围巾绞住发生窒息，就要赶紧划破围巾，解除脖子上的束缚，同时拨打急救电话。如果旁边有会心肺复苏的人，可以及时施救就更好了。

禁忌二——超大的帽子。帽子太大了，特别是有毛边的，影响骑手的视线，降低骑手对交通状况敏感性。在弯道、岔道、有车、有人抢道的时候，非常容易出事故。因此，骑电单车时最好戴小一点、灵活一点的帽子。或戴头盔，既能挡风挡雨，还增加安全系数。另外，有的朋友在开车时把衣服的连衣帽翻起来戴，这样会把眼睛两边的视线遮去大半，也是非常危险的。

禁忌三——"挡风被"。无论是"挡风被"，还是挡风衣，拐小弯或急弯时，会使车把受牵制，骑手容易摔倒。"挡风被"的宽度超过车把宽度，容易被两侧的车辆剐蹭；挡风衣下摆长的话，可能卷进车轮。为安全起见，淘汰"挡风被"、挡风衣，添上皮的护膝、护腿，穿上厚实点的裤子。

禁忌四——遮雨篷。遮雨篷也是危险品之一，建议大家不要装。冬天风大，在行驶中篷子会受到风力影响，很可能造成车辆方向失控，而且还容易刮碰到过往车辆和行人，伤到别人眼睛。为了防雨，最好到正规、"靠谱"

的商家那里买雨衣,而且要挑和电单车配套良好的款式。

另外,冬季有时候空气干燥,容易发生火灾,给电单车充电也要小心注意安全。

影响飞机飞行的恶劣天气

恶劣天气对于有些航空事故来讲,确实是推手甚至是元凶,那么,哪些天气会给飞机的安全飞行带来重大的影响呢?

首先是雷暴。雷暴会损坏电子设备,导致通信系统、导航定位系统包括飞控系统受到破坏。要知道,雷击油箱的话会引发爆炸,飞机有可能在高空就解体了。一般飞机在飞行过程当中遇到雷暴的情况,会选择侧方绕飞或者爬高从雷暴云上方通过。

其次就是大雾。在1977年3月27日傍晚,西班牙机场发生两架客机相撞的事件,导致了583人死亡,这也是人类航空历史上死亡人数第一的空难。导致这场灾难的原因就是飞机在浓雾当中强行起飞,当时的能见度低到甚至没有发现在跑道上还有另外一架飞机的存在。

除此之外,像强对流、冰雪、大风这样的天气也会影响飞机的安全飞行,根据统计,有68.3%的空难都发生在飞机起飞阶段的3分钟以及着陆阶段的7分钟,因此就有了黑色10分钟的说法。当然,这个时候也是天气最容易影响飞机安全的时候。

不过,飞机还算是相对安全的交通工具,每年全球有124万人死于车祸,但是在空难死亡人数最多的1972年,这个数字为3300多人,而且飞行还有天气预报的保驾护航。

相对日常天气预报,航空天气预报要求的精细度更高。航空天气预报要求定点、定时、定量。定点是指精确到具体一个地方,就是机场;定时指要求具体的时间区间,例如起飞和降落时间的预报;定量,就是要求强度预报更为精确具体。

如果碰到乘坐的航班因为天气恶劣而推迟起飞,请一定要多多理解包容,不慌张、不强行登机,毕竟安全第一!

飞机延误的疑问

经常坐飞机的朋友应该都碰到过飞机延误,电闪雷鸣的坏天气导致飞机延误还比较容易理解,毕竟都能看到。但有时明明天气晴朗,而机场却仍然通知因为天气原因飞机延误,这样滞留的旅客就比较容易着急了。其实对于飞机飞行来说,不仅要考虑起飞机场的天气,还必须考虑目的地机场,还有整个航线要经过的区域的天气怎么样。影响飞行安全的天气因素也不只是下不下雨这么简单，比方说我们看到当地天空是晴朗的，但如果有很强的风横着吹过来，或者跑道前方和附近有雷雨云的话，那也是不适合起飞的。

另外，不同的飞机对天气的适应和抵抗能力不同，喷气式飞机能安全起降的天气不一定适合螺旋桨式飞机起降，大飞机能飞，小飞机也可能出问题。

再有，天高可以任鸟飞，但又大又重的而且速度这么快的飞机就必须严格按照一定的航线、飞行高度和时间顺序来飞行,。

总之，空管部门做出飞机推迟起飞甚至取消的决定要考虑很多方面，但保证旅客安全必须是第一位的。

乘飞机防耳疼

现如今，人们都很喜欢坐飞机去旅游、出差、走亲访友，真的是太方便了。可是一些朋友坐飞机总有那么几次耳朵疼，破坏了好兴致。其实这耳朵疼是耳朵内外的气压差引起的。耳膜之外由外耳直接和外界空气相通，里面的中耳通过耳咽管和鼻子相通。正常情况下，外耳和中耳的气压保持平衡，耳膜就没事。但是在飞行中，飞机里的气压时常变化，特别在起飞和降落时更加明显。有时候外耳的气压变了，但是中耳的气压没来得及调整，和外耳的气压出现了差别，耳膜受到压迫，就容易充血、发胀，引起耳朵发胀、耳鸣、疼痛，严重的有可能耳膜破裂、甚至耳聋。

要解决耳朵不适的问题，不妨试试咽口水、打呵欠、嚼糖果、喝饮料，或者捏着鼻子向耳朵方向鼓气等方法，这些动作都方便空气进到耳咽管里去，保持耳膜内外的气压平衡，减缓耳朵不舒服的症状。特别要提醒的是，飞机起飞和降落的时候，最好不要睡觉，因为睡觉更容易引起耳压不适的问题。

另外，如果患了严重的感冒，导致鼻子通气不畅，或者有鼻炎症状，就最好不要乘坐飞机。要知道鼻子不通气，最后受罪的一定是耳朵。实在要坐飞机，最好找医生配上血管收缩剂，在起飞和着陆前，滴进鼻腔，扩张耳咽管，可以减少耳朵不适。有条件的朋友，还可以佩戴飞机耳塞，它能自动调节耳内气压。

婴幼儿的耳咽管还没充分发育，不像大人那样有比较好的调节能力，坐飞机更容易耳朵疼，所以如果带小朋友坐飞机，可以通过喝奶、咀嚼等方式来缓解。最后还有一点经验之谈，要尽量乘坐大飞机：大飞机比小飞机的气压调节能力好些，引起耳朵疼的概率低些。

影响动车出行的气象因素

飞驰的高速动车，迅速缩短了人们的时空距离。比起航空、水路和公路交通，铁路交通受天气影响的程度可以说是最小的。在修建高铁的前期，专家们就做了大量的工作，充分考虑到气象因素的影响，进行实地监测和气候可行性论证，避开气象灾害高风险区，还会使用高科技装置模拟像光照强度、降雨、低温、雾化等不利天气，检验影响，保障安全运营。所以，高铁在不是很恶劣的天气条件下都是可以运行的。当然，毕竟它是高速行驶，仍然可能受到一些极端天气的影响，什么样的天气是高速铁路最害怕的呢？

强雷电：由于高铁是电气化铁路，从沿线的供电线路高压接触网获得动力。如果雷击很强，破坏了高压接触网，就会让列车失去动力无法运行。

暴雨：强度很大的暴雨可以冲毁路基。

雾和霾：雾和霾中含有大量悬浮颗粒物和带电离子，附在高压系统的绝缘体上，形成一层导电层，击穿绝缘设备，这个现象也被称为"雾闪"，导致动车失去动力。同样，高铁也比较害怕小雨，尤其是毛毛雨，因为毛毛雨中有电离子会导电，下大雨倒是没关系。

大风：在理论上，极端情况下的瞬时大风可以直接吹翻列车。所以在高铁沿岸都建有气象观测站点，在常年风大的地方还建立起挡风墙进行保护。一般在没有挡风墙的情况下，风速大于20米/秒时，高铁就需要限速；如果有挡风墙，风速达到30～35米/秒，仍可以减速通过。

不管选择什么交通工具出行，最好都要了解一下天气，遇到强雷电、台风、大雾等高影响天气，就要做好不能准点的心理准备。当然，为了尽量避免极端天气可能造成的损失，高铁沿线都建有监测站点，对风、雨、雪、温度等进行监测、收集。这些信息实时反馈到调度中心，调度中心再根据预案进行调度，或者限速。乘坐高铁还是很舒心很安全的。需要注意的是，高速动车在短时间内飞快加速，和飞机相似，车厢内的空气压力骤然变化，一些朋友可能会感觉耳朵不舒服，这时候建议您嚼块口香糖，可以平衡耳压，缓解耳朵的不适。

结冰路面防滑——行人篇

道路结冰多出现在高寒山区，比如河池北部的凤凰山、桂林的猫儿山、金秀的大瑶山、南宁的大明山等。这些山脉都是区内旅游的宠儿，但那里的山路，如果遇上长时间的低温雨雪天气，就很容易出现道路结冰。

道路结冰预警信号分为三级，根据由轻到重的影响分别以黄色、橙色、红色来表示。当路的表面温度低于0℃，出现降水，包括下雨、下雪，都算降水，12小时内可能出现对交通有影响的道路结冰,会发布黄色预警;6小时内、对交通有较大影响则升级为橙色预警;红色是最高级别的预警,表示2小时内可能出现或者已经出现对交通有很大影响的道路结冰。

防御指南告诉我们,当收到道路结冰黄色预警信号的时候,外出尽量少骑自行车,注意防滑。收到橙色预警信号,走路出门也要注意防滑。收到红色预警信号,要尽量减少外出。如果必须要上班、上学,绕不开结冰的路段,就得想些防滑的招数。

防滑装备最重要的是鞋子。有专门的雪地靴或者防滑靴最好,如果没有,可以选鞋底纹路多一些、深一些的运动鞋。还可以自力更生。老祖宗传下来的草鞋可是个好东西,套在普通的鞋子外面,加大摩擦力,打滑的可能性就小了。不会编草鞋的话,那就每只鞋横着绑两根草绳。如果没有草绳,用旧布条也行。想要防滑效果更好点,可以加一根手杖会稳当很多。

在结冰的路上走,姿势也得讲究。身体尽量前倾,用碎步向前走,速度不要太快,不要"蹭"着地面走,这样反而容易滑倒。出门时穿得厚实点,即使摔了也不会太痛。另外,如果是不太长的一段路,比如在单位的院子里、学校的操场之类的地方,可以撒些煤渣或者沙子以防跌倒。

结冰路面防滑——车辆篇

　　大寒时节,桂北和一些高寒山区冰天雪地的,当地人说冷得"狗钻灶膛,鸡抬脚",真的很形象。这种大冷天,气象部门预计有影响交通的道路结冰,就会发布预警信号。

　　收到道路结冰黄色预警信号,开车的朋友要注意路况,安全行驶。收到橙色预警信号,必须采取防滑措施,听从交通和公安部门指挥,慢速行驶。收到红色预警信号,除了服从指挥之外,还要留意路况信息,看看前路是否结冰封闭,选择其他道路绕行,或者停车在安全的地方等待放行。

　　如果是跑长途,往湖南、贵州、云南、四川等方向去之前,最好先了解一下目的地的天气,如果预报有雨雪冰冻,很可能会发生道路结冰。2008年1月和2011年1月,因为部分道路结冰封闭,广西区和邻省湖南、贵州等地都有数以千计的车辆滞留在路上。广西容易出现道路结冰的地方有桂林、贺州、柳州、河池、百色等市的一些县,以及猫儿山、圣堂山、大明山等高山。

　　除了了解天气,备好应急物资,合理安排出行之外,实在避不开冰雪路面,开车的朋友可以用一些措施来防滑。可以给爱车装上防滑链或者换上雪地轮胎。轮胎稍微放点气，增加摩擦力。上路后要降低车速，按照公路情报板上的车速行驶。加大行车间距，在冰雪路面的车距是平时干燥路面的2～3倍。

冰雪路面开车时，最好沿着前面车子的车辙行驶，不要超车、加速、急转弯或紧急制动。遇到弯道、坡道以及河谷等危险地段，要提前平稳减速，适当加大转弯半径。尽量少用刹车，必须刹车最好用"点刹"。刹车时，不要摘挡刹车，可以挂低挡刹车。总之，多用换挡，少用制动，可以防止各种原因造成的侧滑。停车时动作也要轻柔。车停好之后，在车轮下塞石块、砖块，防止车辆溜坡。

高速公路上的流动杀手——团雾

秋冬季节常会出现大雾。在一些山区洼地或者江河湖泊边比较空旷的高速公路路段，有时会出现一些范围不大但是雾气特别浓重的雾，这就是团雾。这种团雾范围小而且还具有流动性，预报起来非常难，车辆很难得到通知和预警，等驾驶员意识到的时候，往往已经被能见度只有几十米甚至几米的浓雾包围，有时刚从一团雾中出来，下一团雾又在不经意间降临，让人防不胜防。浓雾、团雾常常造成多车连续追尾事故，损失严重，所以被称为高速公路上的"流动杀手"。

从时间上看，深秋、冬季是团雾多发的季节，尤其是清晨在高速上开车，更容易遇到团雾。开车突然进入团雾，一下子看不清道路，很多人下意识的反应就是一脚急刹，这样容易引发连续追尾事故。正确的做法是保持冷静，减慢车速，打开近光大灯、雾灯、示廓灯，必要时还要开启危险报警闪光灯也就是双闪灯。但是千万不要使用远光灯，远光灯在雾里会造成散射，使驾驶员眼前一片雪白，非常危险。

减速并打开车灯之后，下一步就是注意观察，在距离和车道满足变道条件的前提下，把车开到最右侧车道，就近选择道路出口离开高速公路或者进入服务区暂避。如果就近没有出口或者服务区，应该选择紧急停车带或路肩停车，并按规定开启双闪灯和放置停车警告装置也就是三角标，人员也不要坐在车上等着，应该转移到安全护栏之外，远离道路，等能见度好转时再继续行驶。

小妙招：秋冬季节车窗玻璃容易起雾，随车最好能准备一条毛巾，事先用洗洁精或者洗发水溶液把毛巾浸透，用它来擦车窗玻璃和后视镜，玻璃上就不容易结雾了。

冬季出行的三大"天敌"

冬季大雾、雨雪，还有大风，堪称出行的"天敌"。
（1）大雾。根据1981—2010年广西各地大雾统计图（图略），一年当中，出现雾的平均日数统计，颜色越深的地区就代表有雾的天数越多，像河池的北部、桂东北、梧州、防城港这些地方，平均每年有雾的日数是在 15 天以上的。对应以上地区的主要高速公路就包括有：兰海高速河池北段，包茂高速柳州北段、桂林段、梧州段，还有广昆高速梧州段，以及合那高速、钦东高速的防城港段。也就是说，以上这些路段会比广西其他路段出现雾的概率更高，特别是全区都有雾的日子，开车经过这里时，更要小心谨慎。

广西还有一个多雾的路段，是柳州市的三江县。三江是广西出现雾最多的地方，平均每年多达 68 天，这意味着，每周都有 1～2 天有雾出现。途经三江县的公路主要有两条：321 国道和 209 国道，开车经过这里的要特别小心谨慎！

如果气象部门预测有雾，都会在多个平台发布大雾预警信号，比如网站、短信、手机 APP 软件等，出行之前，最好是留意一下，以便提前做好准备。

（2）雨雪。雨雪天气给出行造成的直接影响就是道路变得湿滑，尤其是在高速公路上，一旦车速过快，路面上的水和轮胎之间就会形成"润滑剂"，使车子的刹车性能变差，踩刹车的时候，特别容易产生侧滑。因此，司机朋友要适当地降低车速，需要转弯的时候，要提早"点刹"，不要"急刹"。

此外，雨雪还会给高寒山区的交通造成特别大的麻烦，那就是道路结冰。结冰的路段和湿滑的路段相比，危险性更高，因此最好不要冒险自驾上山。上山最好把车开到山下，再换乘有专业防滑设备的景区的公交车。

（3）大风。广西内陆容易出现大风的地区是湘桂铁路沿线一带。湘桂铁路，便是湖南到广西的铁路，每逢强冷空气影响，这带地区往往会刮起5~6级的偏北大风。

广西有多条河流的流向是自西向东的，从北到南有桂林的漓江，柳州的柳江，来宾境内的红水河、黔江，还有南宁的邕江等，如果刮起偏北大风，一些小型的游船就容易被吹翻。也就是说当强冷空气到来时，大家最好就不要乘坐竹筏以及小型的游船了，安全才是第一。

冬季爱车七分养

汽车的养护讲究是"三分修，七分养"。寒冷的冬天，我们该怎样保养爱车呢？

广西的冬天远不如北方那样寒冷，特别是桂中和桂南，气温大多都在0℃以上，冬天汽车的轮胎、机油、防冻液、玻璃水什么的不用更换，定期到4S店做常规的检查保养就行了。因为电池在冬天容易跑电，保养的时候提醒师傅检查一下蓄电池，铅酸蓄电池注意补充电解液，免维护电池也要看看是不是需要更换了。

　　入冬给爱车做个全身打蜡是十分必要的。冬天空气污染相对比较严重，而我们广西的冬天经常有小雨，飘飞的细雨溶进了污染物之后酸度增加，对汽车烤漆和金属部件的腐蚀比夏天大得多，及时"打蜡封釉"，能隔绝酸雨的腐蚀，让爱车在冬天仍然能保持光鲜亮丽。

　　在桂北或者是在一些海拔比较高的山区冬天也会下雪上冻，要去这些地方就要注意了：汽车使用的机油是有适用温度的，要根据情况换上更适应低温环境的机油。除了机油之外，清洗挡风玻璃的玻璃水也不能用清水代替了，得换上冬季玻璃清洗液，或者在里面加入一定比例的酒精，这也能让玻璃水更不容易冻结。如果要走冰雪路面，还要给爱车换上更宽更软、花纹更深的雪地轮胎或者给车轮加上防滑链。

　　另外由于冬季气温低，车胎橡胶变硬变脆，更容易老化磨损，所以冬季不要使用补过一次以上的轮胎。检查车胎时不仅要看表面，还要戴上手套伸到轮胎内侧摸一下，确定轮胎没有裂痕或划伤，清理掉车胎花纹内夹着的小石子这类杂物，老旧或者是有伤的车胎不要不舍得换，您的安全才是最重要的。

冬季开车两大"杀手"

天冷了,一些开车的女生们喜欢给汽车座椅加上毛绒坐垫,方向盘也要加上毛绒套,一来看起来温馨好看,二来也更加保暖舒适,可是这样做真的好吗?

答案是否定的,毛绒坐垫,尤其是毛绒材质的方向盘套会给行车安全带来很大的隐患,成为冬天开车一大杀手。

汽车的方向盘在设计上是很有讲究的,不仅大小、粗细要合适,所用的材质也要求是防滑的。有人专门测试过毛绒、棉布、麻编织物和纯皮的几种材料跟我们双手之间的摩擦力,结果表明,纯皮的摩擦力最大,而毛绒的摩擦力最小。大多数汽车方向盘会包上皮质,就是为了让我们开车时能够握紧方向盘。装上毛绒套后,方向盘会比较滑手,而且女生一般手掌比较小,厚厚的毛绒方向盘套会使方向盘变得太粗,不容易抓握。在遇到突发情况需要快速做转向、转弯的动作时容易失控。另外,方向盘除了操控汽车行驶外,还可以通过细微的震动,让开车的人能及时感觉到路面状况。厚厚的毛绒套会降低震动,减弱手感,一旦遇到危险路段时,也会阻碍驾驶者及时处置,影响操控。开车的朋友千万不要随意给方向盘加套,尤其是不能加那种厚厚的毛绒套,开车怕冷的话，建议您戴上一双薄的真皮手套，保暖防滑两不误。

同样，汽车座椅加装毛绒坐垫之后，由于摩擦力减小，驾车人坐在座椅上容易滑动，也会影响对车子操控。建议购买使用坐垫时，要选择能与原座椅牢固捆绑固定的，材质最好是皮质或者棉麻的，厚度也不要太厚。

冬天女士们喜欢穿的雪地靴保暖舒适，但它却是冬天开车的另一大"杀手"。因为雪地靴鞋底很厚，会影响开车人的脚感，可能你还没觉得怎么踩油门，车子就已经不知不觉速度加快了很多。而要刹车时脚的力度也不好掌握，会产生明显的迟钝感，尤其是需要紧急刹车的时候，厚重宽大的雪地靴会影响脚的移动，甚至可能被踏板卡住，很容易会发生刹车踩不上的情况，这是非常危险的。为了安全，请您在车里放上一双舒适的平底鞋。

气象小常识

雨量1毫米是多少

毫米，是气象部门统计、区分雨量大小的单位标准。按照"广西日降雨量等级划分"的标准，小雨是表示日降雨量在0.1～9.9毫米，中雨表示日降雨量10～24.9毫米，25～49.9毫米属于大雨，50～99.9毫米为暴雨，100～249.9为大暴雨，250毫米及以上是特大暴雨。

我们以1平方米的土地来计算，1毫米的降水就等于下了0.001立方米的水。每立方米的水重量有1000千克，1毫米降水量相当于向每平方米的土地浇了1千克水，也就是2瓶500毫升的矿泉水。

根据"雨量等级划分标准"，换算成矿泉水的数量，就会一目了然。即在1平方米的面积内，倒入20瓶以下的矿泉水就是小雨，20～50瓶为中雨，50～100瓶为大雨，500瓶及以上就是特大暴雨了

何为汛期

一般来说，每年的4—9月，包括广西在内的华南

地区，会相继迎来两个雨季。第一个是在4—6月，由于冷暖空气作用、季风的暴发等原因，出现第一个降雨高峰期，称为"前汛期"。第二个多雨季节是在7—9月，这个时段的降雨，主要是由台风等热带天气系统所带来的，称为"后汛期"。在汛期这6个月的时间里，广西各地的降雨量可以达到全年降水总量的70%～85%。

天气预报为何报"局部"

"局部"表示一小块地方，在局部出现的天气现象比如雷雨大风，就像特种兵小分队，作战时间短，移动速度快，神出鬼没，难以琢磨，是天气预报的难点。相对来说，那些大规模集团军就比较容易暴露目标，比如强冷空气入侵之类的，预报的难度低一些，预报的准确性也就高一些。

发布"局部"预报，表明预报员估计到灾害天气发生的大致范围，比如桂北，但是无法提前太长时间去精确指出具体发生在哪儿。就好比"躲藏猫猫"，知道有人在那个房间，但是究竟在房里哪个角落就比较难找了。

什么是"强对流天气"

"强对流天气"是由空气发生强烈的对流运动产生

的,春夏之交是广西强对流天气的高发期。这个时期,暖空气势力壮大,而冷空气不甘心让出地盘,它们短兵相接,激烈碰撞,一系列可怕的天气现象就诞生了:电闪雷鸣、风大雨急,冰雹肆虐,甚至有时还会刮起龙卷风。

对"强对流天气"的监测,除了地面气象观测站和卫星遥感以外,最有效的手段就是雷达监测。在雷达回波图上,黄色、红色回波对应的地方,容易发生强对流天气,如果是红得发紫的,那就是对流最厉害的地方,灾害天气的破坏力也最大。

森林火险气象等级预报

秋季风干物燥,是火灾的高发期,小小的火源,就能借助风势酿成火灾。据研究,当空气相对湿度在25%以下时,可燃物极易燃烧,在25%~60%时,较易燃烧。风力为2级,30分钟之内火灾蔓延距离为30米;当风力达5级时,蔓延距离竟高达120米,且飞火距离可达650米。

平常应多了解防火知识,还可以关注森林火险气象等级预报。森林火险气象等级预报分为五级。一级为难以燃烧的天气,可以进行用火;二级为不易燃烧的天气,可以进行用火,但可能走火;三级为能够燃烧的天气,要控制用火;四级为容易燃烧的高火险天气,林区停止用火；五级为极易燃烧的最高等级火险天气，要严禁一切野外用火。

空中"魔法"——人工增雨

气象部门有一支像军队一样的队伍，有飞机、大炮和火箭，这支队伍的名字叫作"人工影响天气"团队。春天是他们和"老天爷"打交道最多的时期，就像在空中施了"魔法"，他们能让云中下不来的雨滴降到地面，或者把小雨变成大雨。

飞机、大炮和火箭负责往铺满了云的天空中播撒"魔法药"，云中的云滴，就长大变成雨水落下去了。"魔法药"究竟是怎么帮助云滴变成雨的？大家知道，云的里面都是小水滴或小冰晶，它们本来是很轻盈地飘在空中，想要"下凡"就得长成"胖子"让空气托不住，才能掉到地上。算起来，从云滴变成雨滴，直径差了100倍，体积就差了10^6倍。

简单地说，"魔法药"就是能让云滴迅速"增肥"的"催化剂"。"催化剂"的作用一方面是快速制冷，另一方面是提供形成雨滴用的凝结核。常用的"催化剂"有碘化银、干冰（也就是固态二氧化碳），还有液态二氧化碳、液氮，等。它们的共同特点是安全无毒、不污染环境、容易撒播，而且经济、高效，借用一句广告词来说就是"只要一点点"。像 1 克碘化银催化剂，就可以生成 1 万亿个冰晶！

气象部门动用飞机、大炮和火箭，就是要把催化剂送到云里边去。那么，是不是看见一朵云就送呢？不是的，一定要找那些有潜力把云滴变成"大胖子"雨滴的云。要发现这些"潜力股"，配合"作战"的力量还不少：空中有卫星，地面有多普勒雷达、可移动的车载雷达，气象观测站，还要有巨型计算机对大气的运动进行复杂的计算，当然，少不了经验丰富的气象工作者。

"圣婴"——厄尔尼诺

厄尔尼诺，是西班牙语"圣婴"的音译，它是指赤道太平洋中东部海洋表面温度，持续异常增温的现象。它的出现，对全球气候、环境、生态、经济等方面会产生强烈影响。不过，最早发现它的，并不是气象学家，而是生活在赤道东太平洋沿岸，以打鱼为生的渔民。早在 19 世纪初，这些渔民就注意到，某些年份里，从 10 月到次年的 3 月会出现一股沿海岸南移的暖流，使表层海水温度明显升高，导致海洋中的浮游生物、鱼类，甚至海鸟的大量死亡。而且，这种现象每隔几年就出现一次，仿佛被施了"魔咒"一样。由于这种现象最严重时往往在圣诞节前后，所以无可奈何的渔民，就将它与圣诞节联系起来，称为"厄尔尼诺"，也就是"耶稣之子"——

"圣婴"的意思。

厄尔尼诺一般2~7年会发生一次。通常它的出现，会直接或间接改变人类的生存环境。1925年，受厄尔尼诺影响，秘鲁沙漠地区雨量达到400毫米，而此前这里五年的总降雨量还不足20毫米。丰沛的雨水将几乎寸草不生的沙漠，变成了水草丰美的绿洲。虽然厄尔尼诺对人类的影响有利有弊，不过其"弊"远远大于其"利"。1997—1998年的厄尔尼诺影响达到极强：据资料统计，当时的厄尔尼诺事件引发的灾害至少造成2万人死亡，全球经济损失高达340多亿美元。

减缓气候变暖 从小事做起

说起全球气候变暖，先来看几个事例：以前北极熊游泳去抓海豹吃，常常到海冰上歇歇脚、喘口气，没想到近年来气候变暖让海冰减少了，它必须要游得越来越远，累得够呛，还抓不到猎物，活活饿死。专家预测，北极地区40年后基本没有海冰了，北极熊要么饿死、要么淹死、还可能被同类吃掉。

拥有天堂般陶醉美景的马尔代夫，随着气候变暖、海平面上升，预计21世纪末可能会被海水吞没。

广西也会受到气候变暖的影响，湿地减少，红树林退缩，珊瑚大量死亡。极端天气增多，气候变暖还会引起一大串连锁反应，农业、交通、能源和环境等问题。

据权威部门统计，从1880—2012年，地球的平均温度升高了0.85℃，其中20世纪50年代以来，人类活动对升温要承担一半的责任。地球安全的临界点，是到21世纪末把大气升温控制在2℃以内。全世界要共同努力，节能减排，减少排放二氧化碳等温室气体，多多开发和利用太阳能、风能等新能源，倡导低碳生活。

日常生活中可以从小事做起，比如少开汽车多骑自行车，少坐电梯多走路，不用一次性筷子和饭盒，少吃肉多吃蔬菜，节约水电和纸张，离开房间时，关上电灯，拔掉电视机、电脑和手机充电器的插头，刷牙时关上水龙头。用淘米水浇花，用洗完衣服或洗完菜的水冲厕所。少放烟花爆竹，不露天烧秸秆，多种树，多使用清洁能源。

植树节为何是3月12日

植树节刚好是在惊蛰节气以后，我国大部地区地面下10厘米的土壤温度回升到了5℃以上，树苗的根系开始萌动，而且这段时间雨水较多，土壤墒情也比较好，在这个时候栽树就很容易成活。另外，3月12日又是孙中山先生逝世的日子，定这天为植树节，也是为了纪念孙先生。

种树却远远不只挖坑浇水这么简单,最好能按各地实际情况依气候条件进行。南方春季回暖早,3月12日植树节正好位于惊蛰和春分两个节气之间,正是草长莺飞、万物萌发、雨水增多的好时机,无论是从气候或是土壤墒情来看,这个时候植树都有利于苗木的成活。而北方有的地方这会儿还有三月飞雪,植树的日子也得推迟到清明之后了。

为何体感温度比预报的热

盛夏烈日炎炎,高温肆虐,有朋友问:"气象台不是说最高气温三十几摄氏度嘛,我为什么感觉像40℃呢?"其实天气预报说的气温,是空气的温度,它是在百叶箱里测量得到的。百叶箱离地面1.5米高,有良好的遮阳、通风,这是世界气象组织的统一要求。而我们感受到的温度称作体感温度,人毕竟不是活在百叶箱里的,特别是在室外活动时,接受阳光的暴晒,走在滚烫的路上,感受到的气温自然比测量的要高。

同时,体感温度还和空气湿度有关系。在炎热的夏天,同样气温的情况下,湿度越大人体感觉就越热,即使有时候气温不是很高,但由于空气湿度大,人们仍会感觉到非常闷热,容易发生中暑。

天气预报为什么有时不准

2014年，全国24小时晴雨预报准确率为87.5%，最高和最低气温预报准确率为80.2%和84.4%，台风路径24小时预报误差为78千米，这样的预报准确率在全世界也处于领先地位。既然天气预报准确率都在8成以上，为何仍常常遭遇"吐槽"？这要从主客观两个角度解释。

客观因素来看，第一，天气预报还是一个年轻的科学。现在全世界通用的"数值预报方法"，我国从1955年才开始摸索研究，在这短短几十年的时间里，我们不能苛求它做到万无一失。第二，大气运动非常的复杂，人类还不能完全真实地模拟大气演变，因此还存在很多的误差。第三，即使我们找出了精确表述大气运动的数学方程组，但是在计算的环节中，还是会遭遇"瓶颈"，即使是世界上最好的电脑也难以做到极致。除了上述客观原因，天气预报的不准确还与许多主观因素有关。比如，预报工作要受到预报员的技术水平和预报经验的制约。

从公众的角度来讲，预报的不准确跟人们的心理预期值过高以及选择性记忆有关。大众对天气预报抱以极高的预期，同时也认为气象部门吃的就是这碗饭，没有理由不给出一个准确权威的结果。所以，当预报准确的时候，大家认为是理所当然的；但是不准的时候，就会因为影响了工作生活而记忆深刻了。就好像孩子们考试得了 90 分得不到表扬，一旦考不及格就要被父母责怪，一个道理。

总之，天气预报是一门有局限性的科学，预报员提供的是一种概率较高的天气可能性，而不是必然性。

广西各月气候概况

1 月广西进入隆冬季节，各地月平均气温为 5.7～15.4℃，月极端最低气温为 -8.4～3.3℃；月降雨量为 18.0～76.7 毫米；月日照时数为 52.3～121.1 小时。1 月是广西一年中气温最低，气候最冷的月份，主要气象灾害是寒潮和霜（冰）冻。

2 月广西各地月平均气温为 7.4～16.1℃，月极端最低气温为 -6.4～4.1℃；月降雨量为 18.7～102.8 毫米；月日照时数为 44.9～96.9 小时。2 月份冷空气在广西的活动仍然比较活跃，主要气象灾害是霜冻。

3 月广西各地月平均气温为 11.6～19.3℃；月降雨量为 29.3～154.5 毫米；月日照时数为 44.7～139.7 小时。主要气象灾害是干旱、低温阴雨和冰雹。

4 月广西春夏季节转换明显，各地月平均气温为

17.1～23.8℃；月降雨量为24.9～261.1毫米；月日照时数为59.8～171.1小时。主要气象灾害是干旱、低温阴雨和冰雹。在桂西和桂南易发生春旱；在桂西北和桂西南山区最易出现冰雹等强对流天气。

5月广西各地月平均气温为21.0～27.1℃，月极端最高气温为32.7～42.2℃；月降雨量为112.8～376.7毫米；月日照时数为84.4～238.2小时。主要气象灾害是暴雨、洪涝。暴雨日数较多，洪涝发生的机会也有所增多。

6月广西各地月平均气温为22.9～28.6℃，月极端最高气温为31.9～40.8℃；月降雨量为171.0～517.4毫米；月日照时数为89.1～223.9小时。主要气象灾害是暴雨、洪涝、雷暴。广西各地大雨、暴雨天气增多，洪涝灾害较频繁。在异常年份，开始有初台风影响广西。

7月广西各地月平均气温为23.6～29.1℃，月极端最高气温为33.4～40.9℃；月降雨量为143.7～598.7毫米；月日照时数为133.9～254.1小时。主要气象灾害是暴雨洪涝、雷暴、高温酷暑，同时容易受台风影响。

8月广西各地月平均气温为23.0～28.9℃，月极端最高气温为33.4～40.9℃；月降雨量为118.3～500.0毫米；月日照时数为125.0～224.7小时。主要气象灾害是暴雨、洪涝、雷暴、高温酷暑，该月还是台风影响广西的高峰月。

9月广西各地月平均气温为20.9～27.6℃；月降雨

量为 53.6～297.0 毫米；月日照时数为 114.1～220.6 小时。主要气象灾害是干旱。

10 月广西各地月平均气温为 17.5～25.2℃；月降雨量为 52.7～156.7 毫米；月日照时数为 105.4～218.8 小时。主要气象灾害是干旱、寒露风。

11 月广西各地月平均气温为 12.7～21.5℃，月极端最低气温为 -3.6～7.7℃；月降雨量为 36.4～88.0 毫米；月日照时数为 87.8～190.8 小时。主要气象灾害有霜冻、干旱。

12 月广西各地月平均气温为 7.7～17.5℃，月极端最低气温为 -6.8～3.5℃；月降雨量为 18.0～58.0 毫米；月日照时数为 74.7～160.7 小时。主要气象灾害是寒潮和霜（冰）冻。

广西主要气象灾害

广西是我国气象灾害最严重的省区之一，气象灾害种类多、分布广、活动频繁、多灾并发、危害严重。广西常见的气象灾害有干旱、洪涝、台风、冰雹、大风、雷暴、低温阴雨、寒潮、霜（冰）冻等。据不完全统计，20 世纪 90 年代以来气象灾害给广西造成的损失平均每年 100 亿元左右，是制约广西经济社会可持续发展的重要因素之一。

干旱

干旱是因当地长期无雨或高温少雨,使空气及土壤缺乏水分的现象。广西的旱灾主要是春旱和秋旱。干旱发生频率的地域差异较大,春旱以桂西地区居多,而秋旱多出现在桂东地区。广西大范围的春旱大约4~5年一遇,但百色、崇左两市、防城港市北部、北海和南宁两市南部、河池市西部等地发生春旱的频率达70%~90%。广西大范围的秋旱大约2~3年一遇,但桂东北大部、桂中盆地及其邻近地区等地发生秋旱的频率达70%~90%。

新中国成立以来,广西几乎年年发生干旱,全区多年平均受旱面积58万公顷。20世纪80年代末以来,是广西干旱频发的时期,特大干旱灾害事件有:1998—1999年的秋冬春连旱、2003—2004年的夏秋冬春连旱、2004—2005年的秋冬春连旱,2009—2010年的夏秋冬春连旱。干旱发生时,往往造成多条中小河流断流,多个中小型水库干涸,受灾人口约占广西总人口的50%。

干旱应对办法

(1)有关部门和单位按照职责做好防御干旱的应急和救灾工作;

(2)各级政府和有关部门启用应急备用水源,调度辖区内一切可用水源，必要时启动远距离调水等应急供水方案，采取打深井、车载送水等多种手段，确保城乡居民生活和牲畜饮水；

（3）压减或限时限量供应城镇居民生活用水，限制大量农业灌溉用水；

（4）限制非生产性高耗水及服务业用水，限制或暂停排放工业污水；

（5）气象部门抓住一切时机适时进行人工增雨作业。

暴雨、洪涝

洪涝是因大雨、暴雨或持续降雨使低洼地区淹没、渍水的现象。广西暴雨、洪涝灾害频繁。在汛期，强降水天气常造成山洪暴发、河水上涨，冲毁、淹没农作物、道路、街道、房屋，冲毁水库、桥梁、电站等设施，引发山体滑坡、泥石流等地质灾害。广西洪涝频率的高值区分布在北海、钦州、防城港三市大部县（区）、桂林市中部县（区)、柳州市北部各县及博白、凌云、陆川、都安、马山等县，频率在80%以上，其中北海市城区、钦州市城区、防城港市城区及东兴、博白等县（市）和融江上游的融安、融水两县，洛清江上游的永福县，红水河中游的马山县，频率为90%～100%；洪涝频率低值区分布在崇左市城区及隆林、西林、乐业、那坡、田阳、宁明、灌阳、武宣等县,频率只有30%～50%,其余县(市)50%～80%。

20世纪80年代以来,广西发生的暴雨、洪涝灾害频繁,如1994年6月、7月、1996年7月、1998年6月、2001年7月、2005年6月等发生了特大洪涝灾害,给工农业生产和人民生命财产造成重大损失。其中1994年是新中国成立以来广西暴雨、洪涝灾害最严重的一年。1994年6月12—13日、7月13—24日出现两次罕见的特大暴雨、洪涝灾害。桂江、柳江、黔江、浔江、西江等主要江河洪水泛滥,有86个县市2753万人受灾,死亡477人,造成直接经济损失约362.6亿元。

暴雨应对办法

(1) 地势低洼的居民住宅区,可因地制宜采取"小包围"措施,如砌围墙、大门口放置挡水板、配置小型抽水泵等。

(2) 不要将垃圾、杂物等丢入下水道,以防堵塞,造成暴雨时积水成灾。

(3) 底层居民家中的电器插座、开关等应移装在离地1米以上的安全地方。一旦室外积水漫进屋内,应及时切断电源,防止触电伤人。

(4) 在积水中行走要注意观察,防止跌入窨井或坑、洞中。

(5) 河道是城市中重要的排水通道，不准随意倾倒垃圾及废弃物，以防淤塞。

洪涝应对办法

(1) 遭遇强降雨时，注意观察周围溪流江河水位和山体有无异常，特别是晚上，随时做好转移准备。

(2) 洪水袭来时，可利用船只、木板、木床等漂浮物，就近、快速向山坡、高地转移，或爬上屋顶、楼房高屋、大树、高墙等暂时避险，设法发出求救信号，等待援救。不要单身游泳转移。

(3) 山区发生强降雨时，应当避免过河或走在沟谷处，防止被山洪冲走。还要注意防止山体滑坡、滚石、泥石流的伤害。

(4) 发现电杆断折、电线低垂要远离避险，不可触摸或接近，防止触电。

台风

台风是指发生在西太平洋和南海，中心附近最大风力达 12～13 级的热带气旋。登上陆地的台风，所经之地，往往会出现狂风、暴雨，造成风灾和洪涝灾害。

近 50 年来，影响广西的热带气旋平均每年有 5 个，最多的年份（1952 年、1974 年、1994 年）达 9 个，最少的年份（2004 年）0 个。从多年情况来看，4—12

月份都有热带气旋影响广西，影响集中期是7—9月。2000年以来对广西影响大，暴雨、洪涝、大风范围广强度大、灾害严重的热带气旋主要有：2001年第3、4号台风"榴莲""尤特"、2003年第7号台风"伊布都"、2006年第6号台风"派比安"、2002年第14号强热带风暴"黄蜂"、2006年第4号强热带风暴"碧利斯"，特别是2001年7月上旬，受台风"榴莲"和"尤特"的先后叠加影响，广西有58站次降暴雨、35站次降大暴雨、1站降特大暴雨，25站次出现8级以上的大风，北海阵风达12级（33.5米/秒）。台风引发的暴雨导致左江、右江、邕江、郁江、浔江江水暴涨，洪水泛滥，百色市遭遇了百年不遇的洪涝，南宁市发生了1913年以来最大的洪涝，贵港市出现了有水文记录以来最大的洪涝，广西因灾死亡24人，直接经济损失159.03亿元以上，其中南宁市损失12亿元。

台风应对办法

（1）台风来临前，备好手电、收音机、食物、饮水等，关好并加固门窗；将阳台、楼顶的花盆、杂物等搬进室内，固定好容易被风吹动的物品。住在低洼处和不安全建筑中的居民转移到避难场所避风。

（2）近海渔船立即回港避风，沿海养殖鱼排上的人员上岸躲避；航行船舶与海岸电台联系，调整航线避开台风。

(3) 台风影响时尽量避免外出，不举行户外群体活动，学校停课；外出时避开大树、棚架、架空电线、倾倒的电线杆、高层施工现场、塔吊或工地围墙、广告牌、危旧建筑等。

冰雹

冰雹是一种固态降水物，为圆形、圆锥形等形状的冰块，由透明层和不透明层相间组成。直径一般为 5～50 毫米，大的亦可达到 10 厘米以上。

冰雹在对流云中形成。当水汽随气流上升遇冷会凝结成小水滴，若随着高度增加温度继续降低，达到 0℃以下时，水滴就凝结成冰粒。在它上升运动过程中，会吸附其周围小冰粒或水滴而长大，直到其重量无法为上升气流所承载时即往下降。当其降落至较高温度区时，其表面会融解成水，同时亦会吸附周围之小水滴。此时若又遇强大上升气流再被抬升，其表面则又凝结成冰，如此反复如滚雪球般其体积越来越大，直到它的重量大于气流升力与空气之浮力之和，即往下降落。若达地面时未融解成水仍呈固态冰粒者称为冰雹，如融解成水就是我们平常所见的雨。

民间有"雹打一条线"的说法，意思是降雹的范围很窄，一般宽度只有几米到几千米，长度在 20～30 千米。但是它来势凶猛、并常常伴随着狂风、强降水和急剧降温等灾害。冰雹常出现在春夏之交，广西的冰雹主要出现在2—5月，其中又以3月和4月最多。

冰雹应对办法

对于冰雹灾害，首先要做好预防工作。冰雹高发季节关注气象部门发布的天气预报，以便及时采取防雹减灾措施。人工防雹的方法是根据气象预报的冰雹云来向，采用空炸炮或土迫击炮，采取爆炸法抑制冰粒形成。

加强农业防雹措施常用方法包括：在多雹地带种植牧草和树木，增加森林面积，改善地貌环境，破坏雹云条件；增种抗雹和恢复能力强的农作物；成熟的作物及时抢收；多雹灾地区降雹季节农民下地随身携带防雹工具，如竹篮、柳条筐等，以减少人身伤亡。对受雹灾作物的损失和伤害进行调查，区别不同情况采取补救措施。植株大面积死亡的要及时清理和改种，存活株较多的要及时浇水追肥促进恢复。

在户外遇到冰雹，一定要保持镇静，迅速躲避到安全的地方。随身携带的包、文件夹，都可以临时挡在头顶。实在没有，身上的衣服鞋子也是可以帮忙的，迅速脱下来挡在头上也能起到缓冲的作用。开车的朋友，尽量把车辆停到室内停车场。

大风

　　风就是空气的水平流动。大风泛指风力大于8级以上（≥17.2米/秒）的风，破坏力很大。产生大风的天气系统很多，如冷锋、雷暴、飑线和气旋等。热带风暴的大风出现在涡旋的强气压梯度区内，呈逆时针旋转；冷锋大风位于锋面过境之后；雷暴和飑线的大风则发生在它们过境时，雷雨拖带的下沉气流至近地面的流出气流中。地形的狭管效应可以使风速增大，使某些地区成为大风多发区，如山口、海峡等地区。

　　广西的大风多由台风、寒潮和热对流引起，沿海地区受到大风影响最多，涠洲岛年大风日数达31天，2003年8月25—26日，第12号台风"科罗旺"正面袭击涠洲岛时，最大风速达53.1米/秒，为有气象记录以来的广西之最。

　　风级歌谣：1级轻烟随风飘，2级轻风吹脸面，3级叶动红旗展，4级枝摇飞纸片，5级带叶小树摇，6级举伞步行难，7级迎风走不便，8级风吹树枝断，9级屋顶飞瓦片，10级拔树又倒屋，11、12级陆上很少见。3级以下的风很温柔，基本没有存在感，4级风会卷起纸片或者摇晃树枝，5级风能晃动有叶的小树，而在6级大风里撑伞就有困难了。10级以上的狂风往往跟台风有关。像2014年的超强台风"威马逊"，以17级的风速登陆我国，对应时速是 216 千米，相当于和谐号动车运行的速度。

海上大风应对办法

（1）随时关注当地气象台站发布的预警预报和风球信息。禁止渔船冒险出海。

（2）在受大风影响的海域航行、作业的船舶和人员，应就近及时进港避风，防止船舶走锚、搁浅和碰撞，小船应拖上岸停放。沿海养殖鱼排上的人员应及时撤离上岸避风。

（3）旅游部门停止组织海上观光项目，防止发生险情。

（4）各级海上搜救部门加强值守，一旦接到险情报告，要迅速启动应急预案，及时调派力量抢险救助，最大限度地避免和减少灾害事故。

雷暴

是伴有雷击和闪电的局地对流性天气，是带有正负电离子的两个云层之间或者是带电离子的云层与大地之间迅猛放电的现象。它经常以线状面孔出现，偶尔还会以球状钻烟囱，入门缝，通常还伴随着滂沱大雨或冰雹大风。雷暴分别为单体雷暴、多体雷暴及超级单体雷暴三种。

雷暴的能量很大，千分之几到十分之几秒的雷电放出的电能，可达到数十亿到上千亿瓦特，温度为1万~2万℃。当然雷暴也能造福于人类，它能给地球带来大量雨水；受雷击的空气每年能产生数亿吨氮肥，随雨水渗入土地。当然不可忘记，雷暴的极强的杀伤力。强度标准习惯使用"雷暴日"，即以一年当中该地区有多少天发生耳朵能听到雷鸣来表示该地区的雷电活动强弱。

广西是我国雷暴日数最多的省区之一，尤其在4—9月雷暴活动最频繁。各地的雷暴日数有明显的地域性分布特征，主要是南部多，北部少。地处十万大山南坡的东兴市是广西雷暴最多的地方，雷暴天气往往来势凶猛，破坏力强，损失严重。广西有时候一天就能发生几千次的雷闪，一次闪电，大约可以产生360千瓦时的电能，什么概念呢？这已经足以同时启动2000万个电饭煲！

雷暴应对办法

当雷雨天气来临时，尽量不要外出，关好门窗，关闭家用电器，并拔掉插头。打雷时，尽量不拨打电话。如果是在室外，应尽量快到有防雷装置的建筑物内躲避，远离大树、电线杆等物体。

雷电最喜欢在突出的物体也就是"尖端"放电，包括高耸的建筑物，比如水塔、电视塔、广告牌、孤立的大树等。像搭建在空旷地的简易工棚、茅草屋、便民岗亭，由于没有采取防雷措施，又很可能是一块空地的制高点，所以也特别容易遭遇雷击。

海边、河边这些地方，处于水陆交界处，电流非常不稳定，也是雷击的高风险地带，这时候钓鱼、游泳都是很危险的，要立刻撤离。在郊区的空旷地，不要扛着金属农具、打着金属的尖顶雨伞，要赶紧将其扔掉，它们很容易引雷。

户外遇到雷雨，最佳的躲避地点是有防雷装置的建筑物内，汽车里、公交车里也是比较安全的地方。一般如果看见闪电3秒左右就听到了雷声，就说明正处于近雷暴的危险环境。这个时候实在找不到合适的地方躲避，千万不要奔跑和骑车行进，正确的方式是两脚并拢，双臂抱膝立即下蹲，尽量降低身体高度，临时躲避，同时不要与别人拉在一起。

地质灾害

广西雨量充沛，地质条件复杂，岩溶分布广，加上人类社会活动加剧，容易导致地质灾害的发生。广西地质灾害具有活动频繁、分布广泛、群发性强、危害严重等特点，是我国地质灾害频繁发生的省份之一。

广西地质灾害的种类主要为滑坡、岩溶塌陷、危岩崩塌、地裂缝等，其中最主要的是滑坡和崩塌。每年地质灾害多发于4—9月，这期间，气象部门联合国土资源部门会发布地质灾害气象等级预报。

地质灾害气象预报预警分为五个等级，第一、第二级气象因素诱发地质灾害的可能性不大，第三级是发生级，气象等因素诱发地质灾害的可能性比较大；第四级，表示地质灾害发生风险高；第五级为最高级，表示地质灾害发生风险很高。地质灾害气象预报预警达到三级以上时，气象部门就会通过天气预报节目、中国天气网等渠道发布预警，提醒公众防御。居住在地质灾害易发区和山区农村的朋友，尤其要注意提前防御，收到预警和情况紧急时，要听从有关部门的指挥，必要时配合及时转移。

高温

日最高气温达到或超过35℃时称为高温，连续数天的高温天气过程称之为高温热浪。持续高温使人体不能适应环境，超过人体的耐受极限，从而导致疾病的发生或加重，甚至死亡，动物也是如此。同时高温酷暑也可以影响植物生长发育，使农作物减产。高温过程还会加剧干旱的发生发展；还使用水量、用电量急剧上升，火灾事件增加，从而给人们生活、生产带来很大影响。广西各地高温日数常年平均值在 0～47.0 天，北海、钦州两市，防城港、玉林两市南部，资源、兴安、金秀、蒙山、罗城、南丹、乐业、凌云、凤山、那坡、靖西、德保、天等等地在 10 天以下，最少的金秀、乐业为 0 天，那坡、涠洲岛、南丹、靖西、德保不足 1 天。右江河谷，左江河谷，梧州、贺州两市中南部，桂林、柳州两市南部，武鸣、南宁、来宾、忻城、象州、贵港、三江等地在 20 天以上，其中百色、崇左、龙州、宁明在 30 天以上，最多的百色 47.0 天，其次崇左 41.4 天。广西其他地区在 10～20 天。

高温酷暑应对办法

（1）高温天气容易引发中暑或虚脱现象，应当尽量避免午后高温时段的户外活动，特别要对老、弱、病、幼人群提供防暑降温指导，准备一些常用的防暑降温药品，注意多饮水以补充身体水分。

（2）户外或者在高温条件下作业的人员应注意遮阳避暑，或停止活动、作业，或采取其他必要的防护措施。

（3）高温天气也是市民用电用气的高峰期，容易发生火灾事故，应定期检查电线电路，家用电器周围要杜绝放置可燃物、可燃气体，家电不用或不在家时最好拔掉电源插头。

霜（冰）冻

霜是指近地面的温度下降到 0℃ 以下时，空气中的水汽在地面物体上凝结成的白色晶体的一种天气现象。霜冻则是指地面（或叶面）的温度突然下降到农作物生长温度以下时，农作物遭受冻害的一种气象灾害。各种农作物遭受冻害的温度指标是不同的，但大多数农作物当地面（或叶面）最低温度降到 0℃ 以下时就要遭受冻害。出现霜冻时地面有白色结晶物称为白霜，无白霜出现的霜冻称为黑霜。按霜冻形成原因可分为三种类型：(1)平流霜冻，它是由北方强冷空气南下直接引起的。(2)辐射霜冻，它是夜间辐射冷却引起的。(3) 平流-辐射霜冻，它是由平流降温和辐射冷却共同引起的。

广西霜冻主要出现在 12 月至次年 2 月。桂东北如资源、灌阳、金秀等地，平均霜日为 11～14 天，桂北大部 6～9 天，桂中大部 4～6 天，桂南大部 1～4 天，防城港、北海、东兴等市基本无霜。

广西冰冻天气主要出现在 1 月和 12 月，其次是 2 月、11 月和 3 月；结冰的地域分布特征是桂北多于桂南，山区多于河谷、平原，内地多于沿海。全区各地年平均结冰日数为 0～18.8 天，桂林、柳州、贺州三市，梧州、来宾、河池三市大部，百色市南北山区冰冻天气在 1 天以上，其中桂林市大部及三江、融安、金秀、南丹、乐业、贺州等地冰冻天气在 5 天以上，最多的资源 18.8 天；其余地区不足 1 天，其中防城港市（上思除外）及北海、涠洲岛长年无结冰。

霜（冰）冻应对办法

（1）注意添衣保暖，减少外出，照顾好老、弱、病人。

（2）预防心血管、呼吸系统疾病，户外工作防止冻伤，特别是要注意手、脸的保暖。

（3）对大田作物采取田间灌溉、施用腐熟有机肥、熏烟等防霜冻、冰冻措施；对蔬菜、花卉、瓜果采取覆盖、喷洒防冻液等措施；牲畜、家禽养殖棚舍注意防风和加温保暖，水产养殖可采用加注深水、搭建防风棚等防寒保暖措施。

（4）室内燃煤取暖或使用燃气热水器时要注意通风，防止煤气中毒；用柴、炭取暖时还要注意预防火灾。

寒潮

寒潮是冬季冷空气大规模侵袭，造成沿途大范围急剧降温、大风和雨雪的天气现象。当某地 48 小时内，日平均气温降温幅度≥8℃，且在这 48 小时内该地日平均气温降至 8℃（桂北为 7℃）或以下，则达到寒潮标准。广西出现寒潮天气的概率比北方省份少，但寒潮入侵引起的降温（低温）、大风、冰冻、霜冻等天气对亚热带作物可造成不同程度的危害。

2008年初，广西遭遇了一场50年罕见的低温雨雪冰冻极端天气灾害，这次寒冷天气具有持续时间长、平均气温低、冻雨、冰冻范围广的特点，并打破多项历史气象纪录。从1月12日起，冷空气不断南下影响广西，13日有63个县市出现寒潮，至2月5日广西连续23天日平均气温低于8℃，为1951年以来持续时间最长的低温天气过程；1月12日至2月5日全区平均气温5.9℃，比常年同期偏低5.0℃，偏低程度居1951年以来同期第一位。全区有79个县市平均气温破历史同期最低纪录，桂北部分地区冻雨、冰冻日数多达21天，共有184站次出现冰冻，100站次出现冻雨，冻雨是近50年来最多的一次。据统计这次寒冷天气，对春运、电力、农业、林业、旅游、居民生活等造成严重影响，共有1676万人受灾，直接经济损失321.75亿元。

寒潮应对办法

（1）及时添衣保暖，照顾好老人、小孩和体质较弱的人群。预防心血管、呼吸系统疾病，外出时注意防止冻伤。

（2）室内燃煤取暖或使用燃气热水器时，要注意通风，防止煤气中毒；用柴和炭取暖，还要预防火灾。

（3）农民朋友做好农林作物及水产、禽畜的防寒防风工作。对大田作物要采取田间灌溉、施用腐熟有机肥等防冻措施；对蔬菜、花卉、瓜果要采取覆盖、喷洒防冻液等措施；对牲畜、家禽采取防风、保暖措施。

（4）政府及交通、电力等相关部门做好防寒潮的应急抢险工作。

雾

雾有三种定义：（1）凡是大气中因悬浮的水汽凝结，能见度低于1千米时，气象学称这种天气现象为雾。（2）雾是接近地面的云。（3）雾是由悬浮在大气中微小液滴构成的气溶胶。当空气容纳的水汽达到最大限度时，就达到了饱和状态。广西每年有雾的平均天数是11天。各地分布并不均匀，北部边缘和梧州、防城港比较多一些，最多的是三江68天，最少的富川、都安和恭城都只有1天。

雾天的防范

（1）尽量不要外出，必须外出时要戴口罩；骑自行车要减速慢行，听从交警指挥。

（2）司机小心驾驶，须打开防雾灯，与前车保持足够的制动距离，并减速慢行，需停车时要注意先驶到外道再停车。

(3) 机场、高速公路、轮渡码头注意交通安全，必要时暂时封闭或停航。另外，乘车船要保持秩序，不要拥挤或滞留在渡口。

(4) 不要在雾中进行体育锻炼，等在雾消散以后再进行。

霾

广西一年四季都有可能发生霾，但是在冬季和秋季明显要比春夏季出现的多。全区各地出现霾的日数分布并不均匀，总的来说是东边多，西边少。梧州是全区出现霾最多的地方，平均每年有 95 天。桂林、南宁、贺州、玉林、河池、百色等中心城市也比周边城镇出现霾的天数偏多。雾和霾一样都会使能见度下降，不过雾中悬浮的是水汽凝结成的雾滴，而霾的成分是干燥的浮尘等污染物，使能见度降到 10 千米以下。要区分雾和霾主要是看空气中水汽的含量多少，空气相对湿度在 90% 以上的是雾，80% 以下是霾，处于两者之间的是雾霾混合物。

霾的应对办法

（1）抵抗力弱的老人儿童以及患有呼吸系统疾病的易感人群应尽量少出门，或减少户外活动，外出时戴口罩防护身体。

（2）中等和重度霾天气下，能见度较低视线差，驾车、骑车和步行的人们都应多加小心，特别是通过交叉路口和无人看管的铁道口时，要减速慢行，遵守交通规则。

（3）中等和重度霾天气会刺激人体呼吸循环系统，尤其是在早晨空气质量较差、人们在进行锻炼时容易扭伤身体及诱发心梗、肺心病等。若无冷空气活动和雨雪、大风等天气时，锻炼的时间最好选择上午到傍晚前的空气质量好、能见度高的时段进行，地点以树多草多的地方为好，霾天气时也应适度减少运动量与运动强度。

龙卷风

龙卷风是一种强对流天气，在极不稳定的天气下，大气发生强烈对流运动。强烈的上升气流与各方向的切变风相互作用，使气流中部开始旋转，并同时向上向下扩展，形成柱状的空气涡旋。当这个涡旋慢慢向下延伸到地面时，就形成了我们所说的龙卷风。由于龙卷风是由雷暴云层中的能量促成的，所以它往往也集中出现在雷暴出现最频繁的5—9月。而且，在下午到傍晚这个时段，最为多见。龙卷风不只是发生在陆地上，有时它也会出现在水面上，称为"水龙卷"，俗称"龙吸水"。大量的水会被其吸入漩涡中心，并很可能带动附近的船体靠近，导致船舶倾覆。

我国东部地区每年大约有200～300个龙卷风，其中有两个高发带：一个是长江三角洲到苏北平原和黄淮海平原一带；另一个是我们广西到广东及海南一线。

目前，对于像龙卷风这种小尺度、发展迅速的强对流天气系统，还很难进行预报。即使是起步更早、技术更发达、龙卷风出现频率很高的美国，也没有办法完全准确预报强对流天气。但它的活动规律是有地域和季节特征的，我国龙卷风多发生在春季和夏季，平原要多于山区，在广西，龙卷风主要出现在沿海一带。

龙卷风的应对办法

（1）看到龙卷风，首先要做的就是跑！可以用手指比画成十字或者架起一个方框，对准龙卷风，快速判断龙卷风的移动方向，然后往反方向或者垂直两侧逃生。比如龙卷风往右边走，就往左边跑，这是反方向逃生；龙卷风迎面冲来，那左右两边都可以逃生，这是垂直方向。选择逃生路线要注意前方路况，要确保前方畅通，可以迅速逃离。

（2）就算初步判断对了龙卷风移动方向，也不是百分百安全了，因为龙卷风有可能突然转向。万一龙卷风逼近，来不及逃跑，要赶紧进入最坚固的房子里，或者地下车库、地铁躲避，实在没有地方，可以寻找地面上低洼的坑洞或者公路边的水沟趴下，并且紧紧抓住身边的坚固物体。

气象小常识

广西主要农业气象灾害

低温阴雨（倒春寒）

低温阴雨俗称"倒春寒"是指连续3日以上日平均气温≤12℃的阴雨相间、少日照的天气现象。每年春季2—4月，北方冷空气南下势力开始减弱，南方暖湿气流趋于活跃，冷暖空气在华南上空频繁拉锯式交馁，产生的阴冷、细雨绵绵、少日照天气，对早稻的安全育秧产生不利的影响，导致不同程度的烂秧或死苗。

低温阴雨是冬、夏季风在广西上空持续对峙的结果。因为春季极地冷空气势力减弱，在欧亚大气环流场出现高压阻塞系统时，冷空气不能一举南下，却可逐股渗透。若副热带系统的南支槽活跃，槽前的西南风将源于孟加拉湾的暖湿气流引导北涌，与渗透南下的冷空气交馁形成静止锋，在广西上空形成阴霾细雨和持久的低温寡照天气。

广西低温阴雨出现在每年的3—4月，严重的低温阴雨天气，对春播育秧危害极大。不仅损失大量的种子，还因补播而延误插秧季节，持续低温阴雨也同样对渔业及蔬菜等有不利影响。如1976年，受低温阴雨影响，广西早稻烂秧损失谷种1.05亿千克；1988年因低温阴雨影响，全区早稻播种、插秧被迫推迟，桂南推迟 15~25 天，桂中推迟 10~15 天，桂北推迟 7~10 天，春玉米、早稻出现烂种、烂秧 1000 多万千克；1992 年广西出现严重的"倒春寒"，早稻烂秧达 670 万千克，占春播的 12%；1996 年春季低温阴雨较严重，全区早稻烂秧损失谷种 814 万千克，生产季节明显推迟，对蔬菜生产也危害较严重，南宁市郊 1200 公顷的菜苗被冷死或烂根死亡。

防御措施

（1）早稻：对低温阴雨所造成的冷害，实行"勤露浅灌"，增温增氧，促进发根分蘖。另外，可施草木灰、火烧土等暖性肥料，以利于提高土温，促进新根生长，待天气转晴禾苗恢复生长后，适当施尿素或复合肥，切勿盲目施氮肥，否则会加快其死亡；还要注意做好病虫害监测防治工作。

（2）果树类：虽然低温对控梢促花有利，但温度长期偏低，加之土壤干旱，荔枝大多数结果母枝生长不好，将来成花质量不高，可对生长不好的荔枝及时除去第一批花穗，加强培育第二批花；龙眼要加强田间管理，培育健壮结果母枝。处于开花的果树要通过叶面施肥和喷施激素防御低温阴雨危害，减少落花落果。

（3）瓜菜：强低温出现时刻（下半夜至凌晨）通过燃烧作物秸秆或杂草熏烟、减少地面辐射加以保温；施磷钾肥，喷施生长激素，防止落花落果；此种天气易滋生病害，应在降雨间隙喷施农药，将病害损失降低到最低程度。

（4）水产养殖：水体温度维持在15摄氏度以上，水产品不至于被冷死。但低温致使鱼不吃不长，应激反应强烈，抵抗能力下降，加上光照弱、养殖水质差，发病严重。因此，应继续保持水体深度，稳定水体温度。

（5）其他作物：在连阴雨时期，要及时开沟，做好田间排水工作，及时增施磷钾肥（包括施叶面肥），加强病虫防治，做好除草工作。

寒露风

寒露风是指"寒露"节气前后北方较强冷空气南下，出现日平均气温连续3天或3天以上低于22℃的降温天气过程而导致晚稻受害减产的一种低温冷害。

防御措施

（1）掌握寒露风出现规律，合理搭配作物品种和适宜播栽期，确保晚稻抽穗开花期间80%以上的年份不会受到寒露风危害。

（2）选育和栽培抗低温高产水稻品种。

（3）寒露风来临前，通过灌水、喷水、喷磷、喷施根外肥料等，可减轻低温的危害。

(4)寒露风来临时,选择上午11—12时温度较高、日照相对充足时期,采用人工拉绳震动辅助授粉方法来提高水稻授粉率。

水稻高温热害

水稻高温热害是指在早稻抽穗至成熟期间出现3天或3天以上日最高气温大于35℃的高温酷暑天气,影响早稻正常开花、灌浆,造成空秕率上升、粒重下降而减产甚至绝收的一种农业气象灾害。

防御措施

(1)保持稻田5~10厘米水层,以降低高温天气的影响。

(2)喷施稀土纯营养剂(每亩30克兑水30升),促进水稻生长。

"龙舟水"

民间把农历五月初五端午节前后的较大降水过程称为"龙舟水"。这期间正是早稻孕穗—灌浆初期,如遇暴雨洪涝、大风袭击,早稻必将受害,轻则引起水稻倒伏,重则颗粒无收。

防御措施

（1）及时排涝，扶正禾苗，清洗禾苗上的泥土。

（2）及时喷药防病，适当增施钾肥。

香蕉风害

多指香蕉抽蕾至采收前遭遇强风，植株假茎折断或倒伏而导致蕉园减产或失收的农业气象灾害。

防御措施

（1）选种较矮化的抗风良种。

（2）调节种植期和留芽期，香蕉抽蕾、结果期尽可能避开台风活动季节。

（3）蕉园应经常培土，增施有机肥及钾肥、磷肥，增强植株的抗风能力。

（4）设立防风支柱。

（5）及时防治象鼻虫等病虫害。

龙眼"冲梢"

指龙眼花穗形成期间持续出现日平均气温大于14℃的暖冬和暖春天气，导致龙眼花穗嫩叶抽生旺盛，花穗逆转成营养枝的一种现象。龙眼出现"冲梢"时多伴随花蕾脱落、花穗发育不良，最终导致当年果园减产或失收。
防御措施

（1）立即对花穗上刚展开的嫩叶进行人工摘除，减少养分消耗，使已形成的花芽不脱落。

（2）喷施一定浓度的乙烯利或一定浓度的烯效唑溶液，杀死嫩叶，保证花穗发育，提高花穗、花朵的质量。

柑橘日烧病

柑橘日烧病是一种高温、少雨、干旱天气导致的生理性病害，又称为日灼病。多发生在7—9月。持续高温、少雨、干旱天气的发生，导致果园土壤长时间处于缺水状态，柑橘果实受到强阳光直射时极易发病。此症状一般表现为柑橘果皮生长停滞，粗糙变厚，或发生龟裂使果实畸形，严重影响果实的质量。

防御措施

（1）加强肥水管理。进入高温干旱期，应结合施壮果促梢肥，及时灌水，满足柑橘对水分的需求。

（2）树盘覆盖，保湿降温。

（3）用1%～2%的石灰水喷洒向阳的外围果实和叶面，降低强阳光直射影响。

（4）果面贴白纸，可有效地防止果实表面的灼伤。

（5）清沟排渍，诱根深扎，增强吸水能力，可减轻日灼病的发生。

农业干旱

是指在农作物生长发育过程中,因降水不足、土壤含水量过低和作物得不到适时适量的灌溉,致使供水不能满足农作物的正常需水,使农作物生长发育受抑,造成农作物减产甚至绝收的一种农业气象灾害。

防御措施

(1) 因地制宜选择种植耐旱作物和品种。

(2) 修建水平梯田、条田,这样可以比坡耕地蓄水量增加5成以上。

(3) 适当增加耕田次数,以增加土壤蓄水量。

(4) 采取滴灌、喷灌、渗灌等多种节水灌溉措施。

(5) 根据不同作物的需水临界期,灌关键水。

(6) 用地膜、秸秆和砾石覆盖,可以减少土壤水分消耗。

(7) 有条件的可以使用抗旱剂,以减少作物水分蒸腾。

(8) 拦截和蓄存雨水、雾水。拦截和蓄存雨水可采用多种方法,如修建山间小水库、修筑塘坝和沟谷中的小型拦水坝及大水窖、山坡上的蓄水窖、集雨窖等。收集雾水可采用"张网"的方法,这种方法比较适用于雾较多的山区、农村。

(9) 气象部门开展人工增雨作业。人工增雨是抗旱减灾的主动性措施，可在有形成降雨条件的云层中播撒催化剂，促使云层早下雨、下大雨。

农业涝害

指雨量过大或过于集中，造成农田积水，从而使旱地作物受淹致害。发生涝灾时，一般田间积水不深，不会淹没作物，所以水田不受影响或影响不大。
防御措施
（1）治理河流、修筑水库，通过拦蓄河水，减少流量，从而有效地防止洪涝灾害的发生，还可以达到洪水资源化利用。
（2）及时疏通农田排水沟，减轻涝害影响。
（3）调整农业结构、实行防洪栽培，因地制宜，趋利避害，科学安排农业生产。

农业渍害

通常是由于连阴雨时间过长，雨水过多，或者洪水、涝害之后，农田排水不良，虽然无明显积水，但土壤长期处于饱和状态，作物根系因缺氧而发生的灾害。
防御措施
（1）及时疏通农田排水沟，减轻渍害影响；在强降雨过后，对农田适当中耕，加快土壤水分蒸发，减小土壤湿度。

（2）同时关注气象部门和有关部门联合发布的渍涝风险等级预报，以获得防灾主动权。

（3）组织调整农业结构、科学安排农业生产，例如实行防洪栽培，实行垄作栽培等。

（4）改良土壤，选种抗涝作物或品种，调整作物播种、移栽日期，加强管理等。

农业寒害

主要指热带、亚热带作物在冬季生育期间温度不低于0℃时，因气温降低引起作物生理机能障碍，导致减产甚至死亡的一种农业气象灾害。不同作物防御措施不尽相同。

香蕉防寒措施

（1）秋后适当增施有机质肥和钾肥，提高香蕉抗寒冻害能力。

（2）在寒冻害来临前喷施磷酸二氢钾（0.1%～0.3%）、植物动力2003（0.1%）能提高细胞汁液的浓度，提高植株的抗寒力。

（3）新种的香蕉小苗、中苗可用薄膜套袋防寒，霜冻前要在套袋内增加稻草保护蕉苗；苗扎草防寒冻害前可在香蕉三杈口扎稻草保暖,保护大苗心叶免遭冻害。

(4) 10月份以后抽出花蕾的植株,在低温来到前,用双层无孔洞塑料薄膜袋套住果穗或花穗,温度低时束紧袋下端的开口,温度高时应及时将袋口打开,以保证果实正常生长不受冻害。

(5) 在天气预报有寒冻害发生的夜晚,采用熏烟、喷水或灌水,可减轻危害。

甘蔗防寒冻害措施

(1) 选种抗寒高产、高糖、早熟品种。

(2) 优先砍、运寒冻害易发生区或高发区的甘蔗,计划留宿根的蔗区,砍收后及时用蔗叶覆盖,减轻寒冻害影响。

(3) 糖业生产主管部门根据寒冻害发生范围、程度,调整砍、运计划,并注意做好留种工作。

荔枝龙眼防寒措施

(1) 荔枝、龙眼采收适当增施有机肥和磷、钾肥,提高果树抗寒冻害能力。

(2) 秋后适时控制树势,促进秋梢成熟的同时,控制冬梢抽生。

(3) 果园熏烟,降低寒冻害危害。

冬种蔬菜防寒措施

(1) 采取小拱棚、覆盖遮光网、地膜等措施,增强保温防寒冻害能力。

（2）适当增施草木灰、腐熟干牛（猪）粪，提高蔬菜抗寒冻害能力，促进生长。

（3）气温下降明显并有霜冻产生时，可采用熏烟和夜间田间灌水的方法来减轻寒冻害的影响。